PETIT COURS

DE

MATHÉMATIQUES APPLIQUÉES,

A L'USAGE DES CLASSES OUVRIÈRES,
DES PROPRIÉTAIRES ET DES ENTREPRENEURS D'INDUSTRIE,
DES VILLES ET DES CAMPAGNES;
ET POUR SERVIR DE TEXTE A L'ENSEIGNEMENT
DANS LES ÉCOLES PRIMAIRES,
DANS CELLES D'AGRICULTURE, D'ARTS ET MÉTIERS,
ET DANS LES ÉCOLES NORMALES.

ARITHMÉTIQUE.

Il faut au peuple une instruction expérimentale, prompte, à bon marché, et qui s'applique immédiatement à ses besoins.

Trad. de l'angl. OTTIN.

PARIS. — IMPRIMERIE DE DEZAUCHE,
Faubourg Montmartre, n° 11.

ARITHMÉTIQUE

OU

PRINCIPES TRÈS-ÉLÉMENTAIRES

DE L'ESPRIT DE CALCUL ET D'INDUCTION,

APPLIQUÉS A DIFFÉRENS SUJETS D'AGRICULTURE, D'INDUSTRIE, DE COMMERCE, D'ADMINISTRATION, DE STATISTIQUE, DE FINANCES, D'ÉCONOMIE PUBLIQUE ET PRIVÉE.

PREMIÈRE PARTIE.

NOMBRES ENTIERS.

PAR N.-J. OTTIN.

Ancien professeur et pensionnaire de l'Université.

A PARIS,

CHEZ AUG. DELALAIN, LIBRAIRE,

Rue des Mathurins-St-Jacques, n° 5;

A LUNÉVILLE,

CHEZ CREUSAT, LIBRAIRE,

Grande-Rue.

1835.

AVANT-PROPOS.

Ce petit ouvrage diffère à tous égards des traités de mathématiques élémentaires qui ont été publiés jusqu'ici (1). Si on tient à la routine suivie par ceux qui ont écrit précédemment, il aura peu de succès; si au contraire on fait cas d'une instruction large, variée, et immédiatement applicable aux besoins de la vie, il doit en avoir beaucoup, parce que je me suis appliqué à réunir des exemples et des modèles de calculs et de raisonnemens sur la plupart des professions et des choses qui intéressent le plus généralement les hommes. C'est d'ailleurs un ouvrage fait avec conscience, dans lequel j'ai cherché sincèrement à être utile à des classes jusqu'alors abandonnées à l'ignorance et en proie à de grossiers préjugés.

Avant d'entrer en matière, je ne puis donc me dispenser de faire connaître les particularités les plus remarquables touchant l'esprit dans lequel cet ouvrage a été rédigé. Cette connaissance, qui mettra le lecteur à même de mieux saisir mes vues, et de porter sur l'ensemble un jugement plus équitable, lui montrera aussi d'avance les applications qu'il pourra faire dans ses intérêts du genre de savoir que je cherche à lui communiquer, et le disposera à retirer plus de fruits de ses études.

Le caractère des mathématiques est l'évidence, l'ordre et la précision. Ce genre d'instruction in-

(1) Il existe déjà, depuis quelques années, trois traités d'arithmétique, dans lesquels on pourrait trouver quelques analogies avec celui-ci. Je suis en conséquence obligé de dire que j'ai entre les mains des documens péremptoires pour prouver à quiconque que, s'il y a eu plagiat, concernant la méthode qui caractérise cet ouvrage, il n'est pas de mon chef. Ceci concerne particulièrement un traité imprimé à Nancy, les deux autres étant des ouvrages trop faibles pour que j'aie rien à démêler avec eux.

troduit dans le peuple doit donc avoir pour objet de lui fournir des idées exactes et précises sur la plupart des choses qu'il a besoin de connaître, de porter dans les industries auxquelles il se livre plus de discernement, et de communiquer aux résultats de ses travaux le genre de perfection dont ils sont susceptibles et que réclame leur emploi.

Ainsi, toutes les propositions d'arithmétique et de géométrie, sur lesquelles reposent la satisfaction de nos premiers besoins, et qui sont comme la source d'où découlent les procédés des arts, doivent essentiellement entrer dans la composition de ce petit traité; et afin quelles s'adoptent mieux à chaque objet, la manière de les présenter doit varier comme les usages auxquels on les applique.

Il est d'ailleurs bien entendu que l'établissement de ces propositions doit reposer sur des raisonnemens simples et à la portée d'hommes étrangers aux dissertations abstraites.

Une autre condition que doit remplir aussi cet ouvrage, est celle d'enseigner aux ouvriers les moyens d'apprécier, par un calcul exact, la valeur de leur temps, le prix de leur travail, et celui des matériaux qu'ils peuvent avoir à fournir dans une entreprise; de nombreux résultats de *main-d'œuvre*, que j'ai réunis sous ce point de vue dans plusieurs questions, fourniront à chaque ouvrier, comme au propriétaire, les moyens d'estimer si un ouvrage a été fait avec la promptitude que permettait son essence, et payé en proportion des facilités ou des difficultés qu'il présentait.

Rendre l'ouvrier plus habile, en lui enseignant par de nombreux exemples à faire un meilleur usage de ses forces, et à mieux combiner son temps et ses efforts; l'habituer à pressentir dans un marché les particularités qui peuvent le rendre plus lucratif ou plus onéreux; enfin, le former à mieux discuter, peser, mesurer, toutes les circonstances qui peuvent le conduire à confectionner un ouvrage avec conscience, et à régler sa valeur avec précision, tel est l'esprit dans lequel cet ouvrage a été conçu et rédigé. Quant aux applications, presque toutes les démonstrations, les questions, les réflexions qu'il renferme, sont de mon invention, et diffèrent entièrement de celles qu'on trouve dans les traités ordinaires. L'ouvrage est d'ailleurs distribué ainsi qu'il suit.

L'arithmétique, qui forme la première division, comprend quatre parties, savoir : les nombres entiers, les fractions, les nombres proportionnels, les puissances et les racines, et afin de mettre l'ouvrage à la portée de toutes les classes, chaque partie sera brochée en un petit volume d'environ cinq feuilles in-18, et d'une impression compacte. Toutefois, les quatre parties seront réunies en deux tomes, pour les personnes qui désireront se procurer l'ensemble, dans des volumes de grosseur ordinaire.

La géométrie sera aussi répartie en quatre sections qui seront traitées de la même manière.

Chaque partie ou section sera de plus partagée en chapitres, et chaque chapitre distribué par leçons, de manière que ces divisions et subdivisions formeront autant de groupes particuliers qu'il y aura de théories distinctes.

Enfin, chaque théorie sera suivie d'une série de questions ou de thèmes arithmétiques et géométriques offrant l'application des règles et des préceptes scientifiques établis, et chaque partie offrira des réflexions générales et des conversations de calculs anecdotiques relatifs aux différens sujets qui auront été traités dans les questions.

Après cet exposé, concernant l'esprit et le matériel de ce petit traité, il me reste quelques réflexions à faire au lecteur, quant à l'ordre qu'il doit observer dans l'étude des diverses théories dont il est composé.

Il faudrait naturellement pour chaque science deux sortes d'ouvrages élémentaires : les uns pour les maîtres, les autres pour les élèves. On conçoit que les premiers offriraient beaucoup de développemens, de notes, de remarques et de détails, qui ne se trouveraient pas dans les seconds. Ceux-ci seraient plus laconiques, et exposeraient la science avec plus de simplicité et de rapidité, la réduiraient à ce qu'elle a de plus substantiel, sans insister sur les objets de pur raisonnement. Chaque théorie particulière serait restreinte à quelques préceptes clairs et précis, suivis d'un nombre d'exemples suffisant pour mettre sur la voie des applications que l'on peut en faire.

Mais afin d'éviter la multiplicité des volumes, et voulant écrire à la fois pour les maîtres et les élèves, sans changer l'analogie des idées, le style ni aucun des avantages attachés à l'unité de plan, nous avons pris une moyenne entre ces deux méthodes contraires, de sorte que ce qui est essentiellement destiné aux élèves d'une aptitude ordinaire est en caractère plus gros et forme le texte principal de l'ouvrage. Les applications, les développemens, les notes, les détails plus particulièrement adressés aux maîtres, sont en caractères plus petits; et cette partie est rédigée de manière que les bons élèves pourront la lire avec fruit, lorsqu'ils se seront suffisamment familiarisés avec la première. Enfin, quelques détails se trouvent en nonpareille; ils comprennent moins des sujets d'études que de réflexions générales sur l'esprit de la science et les usages qu'on peut en faire.

Ainsi, dans une première étude, les élèves ordinaires s'attacheront principalement à retenir par cœur les définitions et les règles de chaque théorie; ils effectueront en même temps toutes les opérations proposées, et n'omettront rien de tout ce qui peut contribuer à former la main et l'esprit au mécanisme du calcul.

Dans la seconde étude, leur principale attention se portera sur la partie des raisonnemens, les préliminaires et les remarques propres à faire mieux comprendre les règles et l'esprit des théories; enfin, dans une troisième lecture, ils approfondiront, autant que leur intelligence le permettra, toutes les parties comprises dans chaque traité, et n'omettront rien pour saisir l'ensemble de la science.

Quant à la tâche des maîtres, elle se borne à lever les obstacles que les élèves pourront rencontrer dans leur route, à leur faciliter la compréhension des calculs, des règles et des raisonnemens, et enfin à les empêcher de tomber dans les écarts où pourraient les entraîner trop de précipitation ou les illusions d'une intelligence encore peu expérimentée (1).

(1) Il est impossible d'apprécier dans un ouvrage écrit tous les obstacles que peuvent rencontrer les élèves, ou les écarts de raisonnement où ils peuvent tomber. Ces difficultés de compréhension et ces erreurs de jugement tiennent non-seulement à la nature de l'intelligence, mais aussi au tempérament, à la constitution même, à la tournure de l'esprit, aux développemens antérieurs qu'il a reçus, et à une foule d'autres causes qu'il est difficile d'enseigner sans avoir vu l'individu. Ainsi tous les traités faits pour apprendre sans maître, ou en quelques leçons, une science quelconque, ne sont qu'un pur charlatanisme, surtout à l'égard des personnes qui n'ont pas encore acquis l'habitude des études sévères et méthodiques.

ARITHMÉTIQUE

DES

NOMBRES ENTIERS.

CHAPITRE PREMIER.

PREMIÈRE LEÇON.

Considérations générales sur les principaux objets qui sont du ressort des mathématiques, et spécialement sur l'arithmétique.

1. Les MATHÉMATIQUES sont une *étude* ou une *science* immense, qui enseigne à *compter*, *mesurer*, *toiser*, *peser* et *calculer* toutes les choses que nous sommes capables de saisir et de concevoir, particulièrement les corps qui se trouvent autour de nous et que nous pouvons voir, entendre et toucher, et ceux qui roulent sur nos têtes, dans l'immensité des cieux, et qui se dérobent plus ou moins à nos regards.

Ainsi tous les objets que nous offrent la nature entière, les arts et la société, soit que nous les considérions en général dans leur grosseur et leur petitesse, ou comme capables d'être *augmentés* et *diminués*, qualités qui constituent les deux principaux attributs de ce qu'on nomme GRANDEUR ou QUANTITÉ, soit que nous les envisagions en particulier dans leur nombre, leur valeur, leur proportion, leur étendue, leur forme, leur poids, leur mouvement, leur durée, leur distance, etc., sont du ressort des mathématiques.

2. Dans le premier cas ils forment ce qu'on désigne sous le nom de mathématiques *pures* ou *abstraites ;* dans le second, ils constituent autant d'études particulières, qui sont comme les branches d'un même tronc, c'est-à-dire des applications des mathématiques pures à quelques objets physiques, et qu'on appelle pour cette raison *sciences physico-mathématiques ;* de sorte que l'astronomie, la mécanique, la géographie, l'art militaire, les divers genres d'industrie, le commerce, etc., sont, à parler rigoureusement, autant de sciences physico-mathématiques.

3. Lorsque nous considérons les objets individuellement, ou *un* à *un*, et indépendamment les uns des autres, comme un homme, un cheval, un oiseau, un poisson, un insecte, un arbre, un caillou, une maison, une ville, une machine, un outil,... ils nous offrent l'idée de l'UNITÉ, qui est le principe de toutes les choses qui peuvent se *nombrer* ou se *compter*.

Lorsque, au contraire, nous les considérons plusieurs ensemble, comme une réunion d'hommes, une troupe de comédiens, une horde de Tartares, une bande de voleurs, un troupeau de bœufs, une harde de cerfs, une volée d'oiseaux, une compagnie de perdrix, les maisons d'une ville, les livres d'une bibliothèque, les arbres d'un jardin, les étoiles qui brillent au ciel dans le cours d'une belle nuit,... ils forment des *pluralités* ou collections de choses que l'on a désignées en général par le nom de NOMBRE, et qui diffèrent les unes des autres par la *quotité* des *unités* ou des choses individuelles qu'elles renferment.

4. Les *nombres*, que l'on nomme aussi *quantités discrètes* ou *discontinues*, tant parce qu'ils sont formés d'individus distincts, de plusieurs parties séparées ou de plusieurs choses pareilles, que pour les distinguer de *l'étendue*, qu'on nomme *quantité concrète* ou *continue*, et qui est l'objet de la géométrie, dont il sera question dans les volumes suivans, forment une étude particulière que l'on désigne sous le nom d'*arithmétique* ou science des nombres, dont les applications s'étendent à tout, et que l'on place ordinairement la première des études mathématiques. C'est de ce genre d'*études* que nous allons d'abord nous occuper spécialement dans ces premiers volumes, ainsi que nous l'avons annoncé.

5. Au lieu de chercher à définir ici cette science, nous nous bornerons, à mesure que nous avancerons, à faire remarquer sa marche et le caractère de ses recherches, ainsi qu'à la présenter comme une des études les plus précieuses que l'homme puisse acquérir; et, en effet, après la langue, il n'y a pas de connaissance plus utile ni plus universelle, et lorsqu'elle manque, aucune ne laisse un vide plus fâcheux dans l'éducation.

6. Si on observe quelque temps les premiers dé-

veloppemens de l'homme, on sera bientôt convaincu que les idées de nombre sont au rang des premières que nous acquérons par les sens. A peine en effet l'enfant commence-t-il à bégayer quelques mots, qu'il prononce au hasard des nombres, tels que *cinq*, *deux*, *sept*, *trois*, *six*, etc.; évidemment, il n'attache encore aucune idée précise à ces expressions; mais cela prouve aussi que dès lors on peut cultiver avec succès cette disposition naturelle, puisque de lui-même il met bientôt en ordre ces premières notions, et ne prend plus *dix* bonbons ou *dix* oranges pour *douze*.

7. Ce premier progrès nous conduit bientôt à un autre. Dans l'origine, nos idées de nombres, comme toutes les autres, sont purement physiques. Nous disons *une* poire, *deux* poires, *trois* poires,... *un* mouton, *deux* moutons, *trois* moutons, etc.; mais à mesure que notre intelligence se fortifie, nous généralisons ces idées et finissons par les concevoir indépendamment des groupes d'objets matériels qui en sont le principe, et alors nous disons *une* chose, *deux* choses, *trois* choses;.... *une*, *deux*, *trois* unités, etc.

8. Ces deux manières de concevoir les nombres ont chacune leur utilité. Dans la première, nous ne les concevons jamais séparés de l'idée des choses qu'ils expriment, et sous ce point de vue nous les désignons sous le nom de *nombres concrets*. Dans la deuxième, nous n'avons égard qu'à la collection précise des unités qu'ils contiennent, et ils forment ce qu'on appelle des *nombres abstraits*. Quinze hommes, vingt chevaux, trente arbres, etc., sont des nombres concrets. Quinze, vingt, trente, sont des nombres abstraits.

9. Cette remarque, faite il y a long-temps, a établi dans l'arithmétique une distinction généralement admise, savoir : l'*arithmétique pratique*, qui ne considère que les nombres concrets et des cas particuliers, et dont les opérations et les raisonnemens n'ont pour objet que l'espèce de nombre

ou de question que l'on considère actuellement ; et l'*arithmétique théorique*, dans laquelle l'esprit s'élève à des préceptes généraux fondés sur des considérations rationelles indépendantes de toute valeur particulière, et conclus de la nature même des nombres considérés en général.

10. Il est clair que l'arithmétique théorique est unique dans son espèce, mais qu'il y a autant de sortes d'arithmétique pratique ou spéciale, qu'il y a de genres de calculs particuliers. C'est ainsi qu'on nomme *arithmétique agricole*, celle qui roule sur des questions d'agriculture ; *arithmétique industrielle*, celle qui a pour objet des calculs relatifs à l'industrie ; l'*arithmétique commerciale* s'occupe particulièrement des opérations et des spéculations de commerce ; on nomme *arithmétique financière*, *arithmétique politique*, etc., celle qui s'occupe d'objets de finances, de politique, etc.

11. Dans ce petit traité, qui est un mélange d'arithmétique théorique et pratique, et que j'ai qualifié plus particulièrement par le nom d'*esprit de calcul* appliqué à différens sujets, parce qu'il est un recueil très-varié de questions et de modèles tirés de différens sujets de science, de technologie, et surtout d'économie politique, publique et privée, ce qui est en caractères plus gros, et qui forme le texte principal de l'ouvrage, se rapporte plus particulièrement à l'arithmétique théorique ; les exemples et les questions qui tiennent plus à l'arithmétique pratique, ainsi que les réflexions générales qui ont quelque chose de plus abstrait, sont en caractères plus petits, afin qu'on puisse les réserver pour une seconde ou troisième lecture, si on le juge à propos.

12. L'idée d'unité, avons-nous dit, résulte de la considération des choses envisagées une à une, et cela est vrai en toute rigueur. Cependant dans les arts et le commerce on présente l'unité sous un autre point de vue ; c'est, dit-on, *une quantité que l'on prend à volonté ou que l'on choisit à*

dessein, pour servir de *mesure*, ou de terme de comparaison, à d'autres quantités de même espèce, que l'on veut *mesurer*, évaluer ou préciser.

13. Dès la naissance des sociétés, l'homme qui possédait quelque chose chercha naturellement à connaître avec quelque précision sa fortune ou les divers objets de ses richesses; sa force et les diverses parties de son corps, furent, selon toutes probabilités, les premières mesures dont il se servit; sa taille, ou la toise, la brasse, la coudée, le pas, le pied, le pouce, l'empan, la canne, etc., furent employées à mesurer les distances ou les longueurs; l'hommée, le sillon, le journal, la fauchée, ou la quantité de terre qu'il pouvait cultiver en un jour, lui servirent pour évaluer l'étendue de ses propriétés; tout ce qui pouvait être compté fut échangé ou vendu à la paire, à la main, à la douzaine, au quarteron, au cent, au mille, à la grosse, etc.; ce qui pouvait être pesé fut au contraire évalué par sa force ou par son poids; les récoltes en vin furent déterminées par les tonneaux, les pièces, les charges, les hottes, les tandelins qu'il avait remplis, etc. : telle furt l'origine des mesures qui ont servi si longtemps à nos pères, et que nous ferons connaître avec plus de détails en son lieu.

DEUXIÈME LEÇON.

De la numération des nombres entiers.

14. *Définition*. La numération est la partie de l'arithmétique qui s'occupe de la *formation*, de l'*expression* et de l'*énonciation* des nombres. C'est évidemment de toutes les parties que comprend cette science, la première en ordre, car, avant tout, il faut savoir comment se forment les nombres, quels sont le moyens de les exprimer et de les énoncer.

15. On conçoit que l'étude isolée des groupes que la nature et la société nous offrent en foule, et qui sont chacun l'expression matérielle de quelque nombre, aurait été bien fastidieuse, si l'homme n'eût eu la faculté de faire cette étude avec ordre et méthode. Toute ces collections de choses, exprimées par des noms indépendans les uns des autres, eussent fait de son esprit un chaos, s'il n'eût senti de bonne heure la nécessité de se créer une voie propre à seconder ses efforts dans cette longue étude.

16. *Formation des nombres*. De toutes les manières de concevoir la formation des nombres, la plus naturelle consiste à joindre d'abord l'unité à elle-même, puis d'ajouter une nouvelle unité à cette première réunion, et de continuer ainsi de suite aussi loin que les besoins l'exigent. Il est clair que ce moyen fournit une série progressive de collections engendrées les unes des autres, dont l'unité est le principe, et dans laquelle chaque *nombre* ou chaque collection excède celui qui le précède de cette même unité.

17. *Expression des nombres*. Après ce premier travail, le plus important était de trouver des noms commodes, faciles à retenir, pour exprimer chacune de ces collections, et qui aient entre eux les rapports les plus étroits; il est clair que ces nombres étant engendrés les uns des autres, c'était un point capital que les noms qui devaient les exprimer fussent aussi conclus les uns des autres et réduits au moindre nombre possible. Ici, comme dans presque toutes nos découvertes, la nature fit les premiers frais et mit l'homme sur la voie. La ré-

flexion, l'analogie, autant que le besoin, firent le reste.

18. *Première série de nombres ou série des unités.* Les premiers hommes, selon toute probabilité, comptèrent sur leurs doigts : c'est encore ainsi que comptent les enfans et toutes les personnes qui ne savent pas calculer. Si le pouce de la main droite, par exemple, fait *un*, l'index *deux*, le doigt du milieu *trois*, les suivans *quatre* et *cinq*, en continuant sur les doigts de la main gauche, et commençant de même par le pouce, ils figureront les nombres *six*, *sept*, *huit*, *neuf* et *dix*. Ce qui donne cette série :

Un, deux, trois, quatre, cinq, six, sept, huit, neuf, dix.

de nombres qui sont formés les uns des autres par l'adjonction successive de l'unité, et exprimés par des termes monosyllabiques faciles à prononcer, et dont le plus grand renferme dix unités ou dix fois le premier ou le plus petit.

19. *Deuxième série de nombres ou série des dixaines.* Les premiers calculateurs ne durent pas chercher long-temps un moyen de compter au-delà de cette première série, que j'appellerai *série des unités* ou des *unités simples.* Une forte analogie les engageait à continuer et à compter sur leurs doigts, en notant par un signe particulier, par exemple, par un petit caillou mis dans un sac ou en tas, le nombre de fois qu'ils auraient recommencé; mais par la raison qu'ils s'étaient arrêtés après avoir compté les dix doigts, la loi de régularité exigeait aussi qu'ils s'arrêtassent après avoir mis dix petits cailloux dans le sac ou dans le tas. Il est clair que ces cailloux indiquaient dix nouvelles séries, dont chacune était égale à la première, et pouvait être regardée comme une *unité collective*, renfermant dix *unités simples* ou de premier ordre. Ces nouvelles *unités*, que je nommerai du second ordre, reçurent le nom particu-

lier de dixaine. Voici une table qui fait connaître leurs noms:

Dix, vingt, trente, quarante, cinquante, soixante, etc.

20. On voit d'abord que dix unités ou une dixaine, vingt unités ou deux dixaines, trente unités ou trois dixaines... sont des expressions synonymes ou qui expriment la même chose. On voit encore avec la même facilité que, pour former les nombres qui devaient remplir l'intervalle d'une dixaine à une autre, il n'y avait qu'à joindre à la dixaine inférieure les nombres simples, un, deux, trois, jusqu'à neuf, de sorte que de dix à vingt, par exemple, on avait naturellement dix plus un, dix plus deux, dix plus trois, dix plus quatre, dix plus cinq, dix plus six, etc., que par abréviation on prononce *onze*, *douze*, *treize*, *quatorze*, *quinze*, *seize*; dix plus sept, dix plus huit, dix plus neuf, firent *dix-sept*, *dix-huit* et *dix-neuf*. Enfin, dix plus dix, ou deux dix, firent vingt déjà exprimé.

Vingt plus un fit *vingt-un*, vingt plus deux, *vingt-deux*, vingt plus trois, *vingt-trois*, etc........ Lorsqu'il n'y a que des dixaines on écrit simplement le nom qui les exprime: cinq dixaines s'écrivent cinquante, c'est bien évident; cependant, au lieu de *septante* on dit *soixante-et-dix*, au lieu de *octante* on dit *quatre-vingt*, et au lieu de *nonante* on dit *quatre-vingt-dix*.

21. *Troisième série de nombres ou série des centaines.* Il est clair qu'on aurait pu compter onze dixaines, douze dixaines, vingt dixaines, trente dixaines, etc.; mais de même qu'on avait appellé dixaines les collections de dix unités simples, on appela *centaine* ou *cent* les collections de dix dixaines, et on forma cette nouvelle série ou unité du troisième ordre:

Cent, deux cents, trois cents, quatre cents, etc., neuf cents.

22. Il est bien clair que les nombres composés de centaines, de dixaines et d'unités, s'expriment par trois mots; par exemple, un nombre composé

de trois centaines, quatre dixaines et sept unités, a pour expression *trois cent quarante-sept.* Si les unités manquent, l'expression se réduit à *trois cent quarante*, et si ce sont les dixaines qui manquent, l'expression devient *trois cent sept*; ainsi des autres.

23. Quant au moyen d'indiquer ces nouvelles pluralités par le langage d'action, il était facile à trouver; on pouvait par exemple avoir un petit sac à côté du premier, et, à mesure que l'on comptait une dixaine, mettre un des petits cailloux du premier sac dans le second, et lorsque les dix cailloux du premier se trouvaient dans celui-ci, on avait évidemment compté une centaine, et on mettait alors un caillou dans un troisième sac ou tas.

24. *Quatrième série ou série des mille.* Le fil de l'analogie conduisit ensuite à former des collections de *mille*, de *dixaines de mille* et de *centaines de mille*, comme on avait formé les collections d'unités simples, de dixaines et de centaines, et l'on eut ainsi ces trois nouvelles séries, qui forment trois nouveaux ordres d'unités, savoir :

1re *Série des unités de mille* : un mille, deux mille, trois mille.
2e *Série des dixaines de mille* : dix mille, vingt mille, etc.
3e *Série des centaines de mille* : cent mille, deux cent mille, etc., jusqu'à neuf cent mille, etc.

25. On put donc dès lors exprimer des nombres qui renfermaient des unités simples, des dixaines et des centaines; des unités de mille, des dixaines de mille et des centaines de mille; et toujours par des moyens aussi simples. Un nombre, par exemple, qui renferme trois centaines, six dixaines et quatre unités de mille, plus deux centaines, sept dixaines et cinq unités simples, s'exprimerait par *trois cent soixante-quatre mille, deux cent soixante-quinze unités.* S'il manquait quelques collections, on les passait sous silence; si par exemple les dixaines et les unités de mille, ainsi que les dixaines d'unités simples, eussent manqué, on n'aurait eu à écrire que *trois cent mille, deux cent cinq*.

26. *Septième série, et séries subséquentes.* Les six séries précédentes se partagent naturellement en deux groupes bien distincts: unités, dixaines et centaines *d'unités simples*, unités, dixaines et centaines *de mille*. Sur cette échelle il fut facile de continuer à former des unités, dixaines et centaines de *millions*, unités, dixaines et centaines de *billions*, puis des unités. dixaines et centaines de *trillions*, de *quatrillions*, de *quintillions*, jusqu'à l'infini.

Un exemple suffira pour faire concevoir la marche générale de ces nouvelles formations. Supposez que vous ayez à exprimer le nombre qui contient neuf dixaines de *trillions*, deux centaines et quatre unités de *billions* (qu'on nomme aussi *milliards* en termes de finances), cinq unités de *millions*, huit centaines, sept dizaines et une unité de *mille*, et enfin six centaines d'*unités simples*, vous aurez l'expression *nonante*, ou *quatre-vingt-dix trillions, deux cent quatre billions, cinq millions, huit cent soixante-et-onze mille six cents.*

27. De ces principes découlent naturellement ces premières conséquences :

Qu'une dixaine vaut dix unités simples;

Qu'une centaine vaut dix dixaines ou cent unités simples;

Qu'un mille vaut dix centaines, ou cent dixaines, ou mille unités simples ;

Qu'une dixaine de mille vaut dix unités de mille, ou cent centaines, ou mille dixaines, ou dix mille unités simples ;

Qu'une centaine de mille vaut dix dixaines de mille, ou cent unités de mille, ou mille centaines, ou dix mille dixaines , ou cent mille unités simples;

Qu'un million vaut dix centaines de mille, ou cent dixaines de mille, ou mille unités de mille, ou dix mille centaines, ou cent mille dixaines, ou un million d'unités simples.

On trouverait avec la même facilité que les billions, par exemple, sont des mille de millions; que les trillions sont des millions de millions, etc.

L'analyse de cette gradation conduit donc à cette règle d'arithmétique, aussi belle, aussi féconde que générale :

Que les nombres sont formés de diverses espèces de collections particulières, dont chacune renferme un nombre précis d'unités, de sorte qu'à mesure qu'on s'élève, ces unités deviennent de dix en dix fois plus grandes, ou de dix en dix fois plus petites, à mesure qu'on rétrograde.

Ainsi, par exemple, les centaines sont dix fois plus grandes que les dixaines, et dix fois plus petites que les mille.

28. Si on a bien compris tout ce que cette théorie a de simple dans son invention, de régulier dans sa marche, et de remarquable dans la précision avec laquelle toutes les choses sont exprimées, enchaînées et définies, et surtout cette facilité vraiment étonnante d'exprimer avec si peu de mots toutes les pluralités ou multitudes que peut à peine concevoir l'imagination la plus vaste, on sentira déjà combien l'arithmétique, qui est une espèce de langage particulier aux nombres, doit l'emporter, par sa fécondité et la précision de ses résultats, sur les expressions vagues et ambiguës des langues vulgaires; mais passons à d'autres particularités peut-être plus ingénieuses encore.

TROISIÈME LEÇON.

29. *Nouvelles recherches.* Le fréquent usage des nombres dans toutes les circonstances de la vie, et surtout dans les relations industrielles, commerciales, administratives, etc., où il importe souvent de combiner avec beaucoup de promptitude les résultats numériques de diverses spéculations, conduisit les hommes à simplifier encore ces premières expressions, déjà si simples et si commodes; et nous devons

le dire avec autant de gloire que de vérité, cette théorie peut être placée au rang de ce que l'esprit humain a produit de plus admirable et de plus utile.

30. *De l'origine des chiffres.* L'observation fit bientôt remarquer que les mots un, deux, trois, quatre, cinq, six, sept, huit, neuf, revenaient constamment dans tous les nombres, ou plutôt que ces mots étaient pour ainsi dire toute la matière des expressions numériques; de façon que, quoique déjà très-simples, le besoin, le désir de les simplifier encore, fit imaginer de substituer à chacun d'eux un caractère unique qui pouvait se former d'un seul trait, et qu'on appela *chiffre*, de l'arabe *seffer*, qui signifie *nombrer*, de sorte qu'on eut cette double série :

Un,	deux,	trois,	quatre,	cinq,	six,	sept,	huit,	neuf.
1	2	3	4	5	6	7	8	9

au moyen de laquelle les nombres purent être désormais exprimés de deux manières, *en toutes lettres* et *en chiffres;* ce qui donna lieu de distinguer la *numération parlée*, ou qui a pour objet l'expression en toutes lettres des nombres, de *la numération écrite*, ou leur expression en chiffres : distinction encore admise par quelques auteurs et que nous conservons ici.

31. Suivant ce nouvel algorithme, le nombre quinze millions trois cent quarante-sept mille six cent vingt-neuf fut exprimé ainsi :

15 millions 347 mille 629 unités.

Mais à mesure que l'esprit s'enhardit, on sentit l'inutilité des mots intercalés, et on les supprima, en écrivant tout simplement les caractères abréviatifs. Ce qui donna pour l'expression chiffrée du nombre proposé :

15,347,629

que l'on énonça comme précédemment, en marquant par une virgule chaque groupe capital, qui, à raison des ordres d'unités qu'il contenait, devait être distingué des autres. Ainsi les mille furent séparés des unités simples, comme les millions le furent des mille. Par cette nouvelle manière d'écrire les nombres, l'arithmétique devint une sorte de sténographie, dont les caractères étaient aussi expéditifs que les choses qu'ils exprimaient étaient simples.

32. *De l'invention ou emploi du zéro.* Parvenu à ce terme de simplicité, il restait encore un obstacle à surmonter, peut-être de tous le plus difficile à vaincre. Cet obstacle consistait à ce qu'on ne pouvait appliquer l'expression en chiffres aux nombres défectueux, ou dans lesquels manquaient un ou plusieurs ordres d'unités; par exemple, au nombre cinq cent mille trois cent deux, dans lequel manquent les dixaines et les unités de mille, ainsi que les dixaines d'unités simples, et qui écrit en chiffres n'aurait présenté que 532, ou *cinq cent trente-deux.*

33. On pressent déjà la possibilité de ramener ces sortes de nombres à l'expression générale; et on ne tarda pas probablement à inventer une sorte de signe *explétif* qui, n'exprimant rien par lui-même, n'aurait d'autres fonctions *que d'occuper la place des divers*

ordres d'unités qui pourraient manquer dans le nombre à exprimer. C'est ce signe qu'on nomme *zéro*, et qu'on écrit par une espèce d'*o*.

Ainsi dans le nombre en question, après avoir écrit 5 pour les centaines de mille, on remplace les dixaines et les unités de mille manquantes par deux zéros, puis on place encore un troisième zéro entre le 3 et le 2 pour remplacer les dixaines. De cette manière, les chiffres 5 et 3 se trouvent replacés, le premier au sixième rang, c'est-à-dire au rang des centaines de mille, et le deuxième au rang des centaines d'unités simples, et on a en conséquence la véritable expression,

500,302.

Le nombre quatre cents trillions cinq billions soixante-quinze millions deux cent quatre-vingt mille huit s'exprimerait par

400,005,075,280,008.

34. Tels sont les principes établis par les premiers fondateurs de ce système d'arithmétique que nous avons adopté et reçu des Arabes, et qui a obtenu sur tous les autres une vogue universelle que lui ont méritée son extrême simplicité et la fécondité de ses applications; mais comme nous nous sommes proposé dans cet ouvrage de dériver toutes les règles de calcul dont nous aurons besoin des seuls principes que nous venons d'établir, nous insisterons encore un instant sur les conséquences essentielles qu'ils présentent, tant pour éclaircir et compléter ces premiers fondemens de notre arithmétique, que parce qu'elles pourront nous être utiles dans la suite.

QUATRIÈME LEÇON.

35. *Quelques nouveaux développemens des principes établis.* Si cette nouvelle manière de traiter la numération paraissait étrange à quelques-uns de nos lecteurs, nous les prions d'observer que ce petit ouvrage, s'adressant plus spécialement à des enfans ou à des personnes qui n'ont ni l'habitude de se livrer à des études sévères, ni le loisir d'apprendre une longue série de principes, j'ai tenté de ramener toute l'arithmétique à la seule numération, persuadé que beaucoup de jeunes gens n'éprouvent tant de peines et quelquefois tant de dégoûts, que parce qu'ils ignorent les premières propriétés des nombres, et qu'on a négligé de les leur présenter avec les développemens nécessaires pour s'en pénétrer suffisamment, et pour écarter toutes les difficultés à venir.

Après y avoir bien réfléchi, nous pensons avoir évité ou diminué considérablement ces graves inconvéniens, et nous croyons pouvoir affirmer que les élèves qui auront bien compris ces premières notions, qui sont presque toutes matérielles et d'expérience et qui ne sont point assez étendues pour devenir fastidieuses, auront surmonté les plus grandes difficultés de l'arithmétique, ou acquis des forces suffisantes pour les franchir, n'ayant plus, en quelque sorte, qu'à tirer des conséquences toutes simples de ce qu'ils auront d'abord établi. C'est, dit-on, la fin qui couronne l'œuvre, soit; mais je suis bien convaincu que s'il est essentiel de bien finir, il l'est encore plus de bien commencer. J'insiste donc encore un instant sur les premiers principes.

36. Il est clair que dans la série des unités simples

1, 2, 3, 4, 5, 6, 7, 8, 9,

on s'élève de 1 à 10 par des degrés *conjoints*

ou de premier ordre, qui sont autant d'échelons qui lient l'unité 1, ou simple, à l'unité 10, ou de dixaine, laquelle devient elle-même le principe de la série des nombres

10, 20, 30, 40, 50, 60, 70, 80, 90,

qu'on nomme *nombres articulés*, parce qu'ils forment des degrés articulés ou disjoints, ou des sortes d'échelons du deuxième ordre, dont l'intervalle 10 peut être rempli par les degrés conjoints, ou les nombres 1, 2, 3, 4, 5, etc., ainsi que nous l'avons déjà vu.

Il est également évident que de 100 à 1,000 on s'élève par les nombres

100, 200, 300, 400, 500, 600, 700, 800, 900,

qui forment des degrés ou échelons du troisième ordre, qui ne peuvent être remplis que par l'intercalation des degrés du second et du premier ordre dont je viens de parler.

Des mille aux millions, la gradatiou renferme également trois échelons qui sont :

Premièrement, les nombres

1,000, 2,000, 3,000, 4,000, 5,000, etc.,

dont les intervalles sont remplis par les nombres 100, 200, 300, etc., qui procèdent par centaines, puis par les nombres articulés 10, 20, 30, etc.; et enfin par les nombres simples ou conjoints 1, 2, 3, 4, etc.

Deuxièmement, les nombres

10,000, 20,000, 30,000, 40,000, etc.

Troisièmement, par les nombres

100,000, 200,000, 300,000, 400,000, etc., dont les intervalles se remplissent comme les précédens.

37. Ainsi les mille, comme les trois premières séries, se comptent par unités, dixaines et centaines ; car il est évident qu'il y a entre les nombres 1,000, 2,000, 3,000, etc., la même relation de grandeur et de composition qu'entre les nombres 1, 2, 3, etc., puisque 2,000 contient deux unités de mille, comme 2 contient deux unités simples ; que 3,000 est composé de 1,000 autant que 3 contient 1, etc.

Il en est de même lorsqu'on s'élève des millions aux billions, des billions aux trillions, etc., c'est-à-dire que chacun de ces groupes fondamentaux se compte comme les mille, au moyen des trois premières séries d'unités ; de sorte qu'en résumant ce développement, on a cette première suite de nombres particuliers, dans l'expression desquels n'entrent que l'unité et le zéro, ou les deux chiffres les plus remarquables,

unités.	dixaines.	centaines	mille.	dixaines de mille	centaines de mille.	millions.
1,	10,	100,	1,000,	10,000,	100,000,	1,000,000.
1er ord.	2e ord.	3e ord.	4e ord.	5e ord.	6e ord.	7e ord.

et qui expriment les divers ordres d'unités ou les collections qui peuvent entrer dans la composition des nombres, ainsi que le rang que doivent occuper les chiffres qui représentent ces collections.

38. Cette série, qui n'est qu'un extrait de la suite générale des nombres 1, 2, 3, 4, 5, etc., qui procèdent par degrés conjoints, a cela de remarquable, que tous les nombres qu'elle contient sont *de dix en dix fois plus grands les uns que les autres*, ou, comme on dit, sont en *raison décuple*. En effet, 10 contient 1 dix fois, c'est-à-dire autant que 100 contient 10, que 1,000 contient 100, que 10,000 contient 1,000, etc.; et comme cette circonstance capitale imprime à tous les calculs un caractère particulier, cette suite a reçu le nom *d'échelle arithmétique* (comme qui dirait fondement de l'arithmétique); enfin la loi d'accroissement à laquelle elle est soumise a conduit à désigner notre arithmétique par l'expression d'*arithmétique décimale*, c'est-à-dire qui procède par dixaines et dixaines de dixaines, ou dont le nombre dix est la base, afin de la distinguer des autres arithmétiques qui auraient pour base des nombres tels que 2, 3, 4, 5, etc., et qu'on désignerait par les noms d'arithmétique binaire, ternaire, quaternaire, quinaire, etc.

39. De cette échelle on peut extraire une seconde suite non moins importante, et qui serait composée des nombres

unités.	mille.	millions.	billions.	trillions.
1.	1,000.	1,000,000.	1,000,000,000.	1,000,000,000,000.

qui s'élèvent de trois en trois ordres, ainsi que le marquent les zéros qui se trouvent à la suite de l'unité dans chaque nombre, et qui sont de mille en mille fois plus grands les uns que les autres, de sorte que 1° les nombres qui n'ont que 1, 2 ou 3 chiffres, ou ce qu'on appelle une *tranche de chiffres*, ne renferment que des unités, dixaines et centaines, désignées sous la dénomination générale d'*unités simples*; 2° les nombres qui ont plus de trois chiffres et moins de sept, contiennent *deux tranches* de chiffres, et renferment *des mille*; 3° les nombres qui contiennent sept chiffres et moins de dix, contiennent *trois tranches* ou *des millions*; ceux qui contiennent de 10 à 12 chiffres, contiennent *quatre tranches* ou *des billions*, qu'on nomme aussi *milliards* en termes de finances, etc.

Le nombre 735 est dans le premier cas.

Le nombre 354,275 est dans le second cas.

Le nombre 57,402,304 est dans le troisième.

Le nombre 23,645,000,501 est dans le quatrième, et ainsi de suite.

40. Voici quelques détails sur ce dernier nombre, qui résumeront ce que je viens de dire.

4e tranche.	3e tranche.	2e tranche.	1re tranche ou ternaire.
2 3,	6 4 5,	0 0 0,	5 0 1.
unités dixaines,	unités, dixaines, centaines	unités, dixaines, centaines	unités, dixaines, centaines
de billions ou milliards.	de millions.	de mille.	d'unités simples.

41. L'analogie nous conduit encore à cette autre remarque, non moins importante que les précédentes, savoir, que *onze*, ou dix plus un, s'écrit ainsi 11; que *cent onze* s'écrit 111; que *onze cent onze* s'écrit 1111, etc.; ce qui est évident, puisque

ce dernier nombre est égal à 1,000 plus 100, plus 10, plus 1. On a de même les nombres 22, 33, 44, etc.; 222, 333, 444, etc.; dans lesquels il y a autant de dixaines, de centaines, de mille, etc., que d'unités simples, et qui en conséquence s'écrivent avec un seul chiffre occupant successivement la place des unités, des dixaines, des centaines, des mille, etc., d'où il suit clairement que tout chiffre *a deux valeurs;* l'une qu'on appelle *absolue*, et qui réside dans la propriété qu'a chaque chiffre d'exprimer une collection précise d'unités quelconques; la seconde, qu'on nomme *locale*, et qui se tire de la faculté dont jouit chaque chiffre d'exprimer, selon la place qu'il occupe, des unités, des dixaines, des centaines, des mille, etc.

42. Enfin, une dernière conséquence immédiate des principes établis, et spécialement des derniers que je viens d'énoncer, c'est qu'en écrivant un zéro à la droite d'un nombre quelconque, on rend ce nombre dix fois plus grand, en en écrivant deux, cent fois, trois, mille fois plus grand. En effet, soit, par exemple, un *nombre simple* ou d'un seul chiffre, tel que 5. En écrivant 50, il est clair que le zéro tenant la place des unités, le chiffre 5, qui se trouve alors au second rang, exprime cinq dixaines, au lieu de cinq unités qu'il exprimait étant seul.

43. Il en est de même des *nombres composés* ou formés de plusieurs chiffres; 547, par exemple, écrit avec deux zéros à sa suite, devient 54,700; on sent que le chiffre 7, élevé au rang des centaines, exprime 700 au lieu de 7 unités; que le chiffre 4, élevé au rang des mille, exprime 4,000 au lieu de 4 dixaines, etc. Ainsi toutes les parties du nombre sont cent fois plus grandes.

44. Il est encore de toute évidence qu'en ôtant les deux zéros du nombre 54,700, on le rend cent fois plus petit, et l'analogie nous conduit à ce principe : *qu'en écrivant un, ou deux, ou trois, etc., zéros à la suite d'un nombre, on le rend dix fois, ou cent fois, ou mille fois plus grand, et qu'en effaçant*

un, deux ou trois, etc., zéros à la suite des nombres qui sont terminés par ce caractère explétif, on les rend autant de fois DIX FOIS *plus petit qu'on efface de zéros.*

CINQUIÈME LEÇON.

45. Je passe à l'ÉNONCIATION des nombres. Mais je pense qu'on a déjà remarqué qu'en les exprimant, nous avons en même temps enseigné à les énoncer; toutefois, il nous reste à compléter les règles que nous avons établies.

46. Il arrive souvent qu'un nombre est donné en toutes lettres, et qu'on a besoin de l'exprimer en chiffres; et réciproquement un nombre étant donné en chiffres, il peut être utile de l'énoncer ou de former son expression en toutes lettres. Nous avons déjà donné les moyens de résoudre ces deux questions, principalement la première; mais dans tous les cas on pourra suivre cette règle générale : *Pour former l'expression en chiffres des nombres donnés en toutes lettres, on remplace chaque collection ou ordre d'unités par le chiffre qui lui convient, et on écrit successivement ces divers chiffres à la suite les uns des autres, avec l'attention d'intercaler des zéros pour remplacer les ordres d'unités qui pourraient manquer dans le nombre proposé.*

Ainsi pour écrire en chiffres le nombre trois millions quatre cent vingt-cinq mille six cent soixante-quinze unités, on écrit, en allant de gauche à droite, et avec l'attention de les disposer par groupes, comme il a été dit, les chiffres 3, 4,

5, 2, 6, 7, 5, qui expriment les millions, les centaines, les dixaines et les unités de mille; les centaines, les dixaines et les unités simples; et on a

3, 452, 675.

Si on avait cet autre nombre : cinquante-trois milliards cent deux millions quatre cent mille quinze unités, on aurait en remplaçant les dixaines de millions, les dixaines et les unités de mille, et les centaines d'unités simples par autant de zéros placés chacun au rang des ordres manquans, on aurait, dis-je, pour l'expression arithmétique de ce nombre,

53, 102, 400, 015.

47. Quant à la seconde question, qui a pour objet de traduire dans le langage ordinaire, ou d'écrire en toutes lettres un nombre déjà écrit en chiffres, *on partage ce nombre, s'il ne l'est pas encore, et en allant de droite à gauche, en tranches ou ternaires de trois chiffres chacune, excepté le premier ternaire à gauche qui peut ne renfermer qu'un ou deux chiffres; ensuite, en partant de ce dernier ternaire, on énonce ou on forme l'expression partielle de chaque ternaire, convenablement aux ordres d'unités qu'il contient, en ne tenant aucun compte des ordres d'unités ou des ternaires qui, dans le nombre à traduire, se trouvent occupés par des zéros; enfin, pour plus de clarté, on peut séparer par une virgule chaque ternaire exprimé, et remplacer par une sorte de petit tiret les ternaires manquant complète-*

ment. De cette manière, le nombre 73,425,684, déjà partagé en tranches, sera exprimé par soixante-treize millions, quatre cent vingt-cinq mille, six cent quatre-vingt-quatre unités; et le nombre 91,534,000,205,007, dans lequel manque complètement la tranche des millions, par quatre-vingt-onze trillions, cinq cent trente-quatre billions, —, deux cent cinq mille, sept unités.

Le nombre 1,000,000,000 s'écrirait indifféremment 1,—,—,—, ou tout simplement un milliard, ainsi que j'ai dit plus haut et conformément à la coutume. Toutefois je crois les tirets utiles, attendu que fréquemment des personnes n'ont que des idées très-obscures des nombres un peu considérables, ainsi que je m'en expliquerai tout à l'heure; j'ai même remarqué dans plusieurs ouvrages, et spécialement les journaux quotidiens, rédigés par des hommes et adressés à des lecteurs généralement peu calculateurs, j'ai vu, dis-je, les nombres souvent écrits moitié en chiffres et moitié en toutes lettres, tel que le suivant :

452 milliards, 30 millions, point de mille, 735 unités.

48. Tels sont les développemens auxquels nous conduisent les premières notions que la nature nous fournit sur les nombres. L'homme commença d'abord à compter sur *ses doigts*; bientôt il créa des nombres, en régularisant et précisant les collections de choses qu'il remarquait autour de lui, et il compta avec *des mots*; puis, cherchant à éviter les longueurs et la fatigue qu'entraînaient les calculs avec des

mots, il inventa des signes plus simples et plus prompts et calcula avec *des chiffres*, d'où l'arithmétique spéciale; enfin, généralisant ses idées, il employa des caractères *abstraits*, et forma peu à peu cette langue sublime, ou *l'algèbre* (arithmétique universelle), aux progrès de laquelle contribuèrent particulièrement notre célèbre Descartes, Fermat et Pascal. C'est ainsi qu'en allant de proche en proche, les hommes de génie, tels que Newton, Euler, Lagrange, La Place, etc., se sont élevés du point où vous en êtes aujourd'hui, c'est-à-dire de la numération, aux calculs les plus surprenans, et à l'intégration des quantités différentielles les plus rebelles. Avec l'amour du travail, de l'ordre, de la persévérance, et surtout le vif désir de vous instruire, qui porte l'homme curieux à tout voir et à tout examiner, qui a-t-il de si difficile que vous ne puissiez atteindre? Telle est, jeune homme, la noble carrière qui s'ouvre devant vous.

49. Probablement que plusieurs de mes lecteurs n'auront pas compris toute l'étendue, la simplicité et la beauté de ces premiers principes, mais cette particularité ne doit aucunement les décourager (1); qu'ils se rappellent ce vieil adage, qu'on n'apprend à faire qu'à force de faire, et qu'il n'est aucun obstacle que le travail ne puisse franchir; qu'ils reviennent une seconde, une troisième fois, s'il est nécessaire, sur ces premiers élémens, et bientôt ils s'apercevront des progrès sensibles qu'ils auront faits. En vain quelqu'un regarderait long-temps un habile violoniste, si pour savoir jouer du violon il ne s'appli-

(1) Quelqu'un qui apprenait les mathématiques observait un jour à Dalambert que la géométrie et l'algèbre étaient pour lui une sorte de choses fort obscures. « N'importe, dit d'Alambert, allez en avant et la foi vous viendra. » Et en effet, à mesure que nous avançons, nos idées s'éclaircissent insensiblement et chaque jour nous remarquons que nous comprenons mieux des choses qui nous avaient paru d'abord inintelligibles. C'est ainsi qu'un voyageur voit plus distinctement un pays, à mesure qu'il gravit les montagnes qui le dominent,

quait lui-même à exercer ses doigts et sa main. Ce n'est donc qu'en faisant, refaisant et réfléchissant sur ce qu'on a fait, et en revenant à diverses fois sur ces premières notions des nombres, que vous parviendrez à passer successivement et avec facilité aux autres opérations dont il nous reste à traiter. Vous surtout, jeunes élèves, encore peu exercés aux études sérieuses, vous remarquerez bientôt, en revenant sur vos premiers pas, que les choses s'éclairciront comme d'elles-mêmes, dans votre esprit, à mesure que vous avancerez; vous verrez encore jusqu'à l'évidence que les diverses parties de l'arithmétique ne sont chacune qu'une nouvelle manière d'envisager les nombres, et qu'il ne vous reste, en quelque sorte, que de nouvelles *dénominations* à établir à mesure que vous soumettrez les propriétés que vous venez d'étudier à de nouvelles *combinaisons ou à de nouvelles opérations*. C'est ce que vous verrez clairement, si à la fin de chaque leçon vous résumez les idées qu'elle vous a fournies; vous reconnaîtrez jusqu'à l'évidence queces idées se trouvaient déjà dans les leçons précédentes, et que vous n'avez fait que les remarquer plus particulièrement et les désigner par de nouveaux mots. Ainsi la numération et l'analogie, voilà toute l'arithmétique. C'est surtout cette dernière qui, de la notion fournie par nos dix doigts, nous a conduits à cette suite d'opérations rigoureuses, en formant cette belle science, la plus utile et la plus propre de toutes, selon Condillac, à nous apprendre à penser et à être sages.

SIXIÈME LEÇON.

50. Si par la numération, à mesure que nous ouvrons un doigt, nous formons la suite ascendante des nombres

1, 2, 3, 4, 5, 6, 7, 8, 9, 10,

il est clair que tous les doigts étant ouverts,

lorsque nous les fermons successivement, nous défaisons par cette opération inverse ce que nous avons fait d'abord, et formons la suite descendante des nombres

10, 9, 8, 7, 6, 5, 4, 3, 2, 1,

c'est-à-dire que la numération nous conduit tout naturellement à une opération contraire que Condillac appelle *dénumération*, mot que j'adopte ici, parce qu'il exprime une opération aussi réelle que la numération, et qui, comme elle, est la source de plusieurs considérations dont je m'occuperai plus bas et successivement.

51. Nous avons donc deux opérations, celle par laquelle nous formons les nombres, l'autre par laquelle nous les déformons. *Numérer* et *dénumérer*, voilà toute l'arithmétique. Nous verrons en effet, à mesure que nous avancerons, que toute opération arithmétique est *double*, l'une par laquelle on fait, l'autre par laquelle on défait ce qu'on a fait. Ainsi, par la soustraction, nous défaisons réellement ce que nous avons fait dans l'addition; soustraire, c'est réellement *désadditionner*, comme diviser c'est *démultiplier*, comme extraire des racines, c'est *déformer les puissances*. Aussi l'une des opérations est-elle toujours *la preuve* de l'autre, parce qu'en général la preuve d'une opération se fait par l'opération contraire; sans la dénumération, la numération resterait sans contrôle et serait incomplète. C'est ainsi qu'en chimie, après avoir fait de l'oxigène et de l'hydrogène avec de l'eau, le chimiste fait de l'eau en mêlant convenablement de l'oxigène et de l'hydrogène. Telle est la preuve complète que l'eau est composée de ces deux principes; il en est de même de toute autre preuve. Je le répète, *faire* et *défaire* des nombres, voilà toute l'arithmétique.

Ce que ces notions pourraient avoir d'obscur s'éclaircira à mesure que nous avancerons; en attendant, on conçoit que ces deux opérations capitales dérivent immédiatement des deux principaux attributs sous lesquels s'offre la grandeur, *croître* et *décroître*, ou en d'autres mots *augmenter* et *diminuer*. C'est une loi à laquelle aucun être de l'univers ne paraît échapper ; et en effet, après avoir monté par exemple successivement toutes les marches d'un escalier, il ne reste qu'à les descendre. La station au haut ou au bas de l'escalier n'est qu'une transition d'un état à l'autre ; la permanence n'est dans la nature d'aucune chose ; le mouvement est de l'essence de tous les êtres, et le monde n'est qu'une succession de compositions et de décompositions. Faire et défaire, l'homme, comme la nature, ne fait et ne peut faire que cela.

SEPTIÈME LEÇON.

Diverses applications de la numération.

52. Proposons-nous d'abord de transcrire en chiffres quelques nombres écrits en toutes lettres.

I. Les dernières observations astronomiques ont appris que le soleil est un million trois cent vingt-huit mille quatre cent soixante fois aussi gros que la terre.

Exprimez ce nombre en chiffres.

Réponse : 1,328,460.

II. Si on suppose un insecte tel qu'un ciron, qui soit gros comme la tête d'une petite épingle, un éléphant de bonne taille sera au moins cinq à six millions de fois plus gros, et une baleine de première grandeur serait plus de neuf cent vingt millions de fois plus grosse que cet insecte, un des plus petits animaux qu'on puisse apercevoir à l'œil nu, tandis que la baleine est le plus gros qui soit connu ; telles sont les limites du règne animal visible.

Réponse : 920,000,000.

III. Selon les astronomes, les étoiles sont à plus de sept millions de millions de lieues de la terre. (Nous entendons par lieue, ce qu'on appelle vulgairement une heure de chemin.)

Réponse : 7,000,000,000,000.

IV. Si les hommes ne mouraient pas, il y en aurait aujourd'hui sur la terre environ cent septante-trois milliards, ou cent soixante-et-treize billions.

Réponse : 173,000,000,000.

V. Un naturaliste hollandais dit avoir vu des animalcules, ou petits animaux, qui étaient trois milliards quatre cent cinquante-six millions de milliards de fois plus petits que l'homme. (Plusieurs milliers de ces animaux auraient tenus sur la pointe d'une épingle.)

Réponse : 3,456,000,000,000,000,000.

VI. D'après les calculs de Lalande, célèbre astronome, la terre pèse au moins trente sextellions cinq cent neuf quintillions deux cent trente quatrillions, cent vingt trillions de fois autant que l'homme.

Réponse : 30,509,230,120,000,000,000,000.

53. Voici des exemples de nombres écrits en chiffres à traduire en toutes lettres.

I. La distance de Brest à Strasbourg contient au moins 543,213,312 points gros comme la piqûre d'une épingle.

Je laisse les réponses en blanc, en recommandant aux élèves d'avoir soin de les remplir après les avoir fait vérifier par le maître.

II. Un amateur de calcul s'est amusé à chercher combien il faudrait de pierres minces comme une feuille de papier, pour bâtir une tour aussi haute que la tour de Strasbourg, qui est la plus haute du monde et qui a 142 mètres au-dessus du pavé. Il a trouvé qu'il en faudrait au moins 742,351 l'une sur l'autre. Si c'était la plus haute pyramide d'Égypte, qui a 146 mètres, il en faudrait 753,462. Enfin, si c'était le *Novado sorata*, qui est la plus haute montagne de la terre, et qui a 7,696 mètres et se trouve dans le haut Pérou, il en faudrait 38,480,000.

Réponse : L'hymalaya = 7,821^{m}, mais la mesure est incertaine.

III. Les physiciens estiment que les parties qui s'échappent des fleurs et de plusieurs substances, telles que le musc, et qui forment les odeurs, celles qui colorent les liquides dont on se sert pour teindre, etc., sont plus de 20 à 25,000,000 de fois plus petites qu'un grain de blé.

Réponse :

IV. Un homme qui a vécu 100 ans, a vu 36,500 fois le soleil se lever ; a consommé au moins 50,000 bouteilles de boissons ; 100,000 livres d'alimens, et a respiré 1,500,000,000 fois.

Réponse :

V. L'étendue de la France est d'environ 53,533,426 hectares, ou 155,246,935 arpens ; les encyclopédistes ont calculé qu'une plaine de cette étendue contiendrait 2,141,337,040,000 œufs placés les uns à côté des autres; si c'était des noisettes, il y en aurait au moins 18,989,359,280,000 ; et si c'était des grains de blé, on en compterait plus de 419,702,059,840,000.

Réponse :

VI. Un savant, curieux de rapprochemens singuliers, me disait un jour qu'un grain de poussière voltigeant dans une église comme Sainte-Geneviève (le Panthéon) ou la Madeleine, est bien plus grand, relativement à la grandeur de l'église, que la terre n'est grande à l'égard du système solaire dont elle fait partie, et que le système solaire lui-même n'est grand à l'égard de l'univers. Or, Sainte-Geneviève contiendrait au moins 125,000,000,000,000,000,000 grains de poussière, dont il faudrait 100,000 pour un grain de blé.

Réponse : J'ai rapporté ici ces nombres à dessein de fournir quelques idées sur la grandeur relative des choses qui sont autour de nous. Ce dernier exemple surtout est très-propre à faire apprécier l'extrême petitesse de l'homme dans l'univers, lui qui n'est pas si gros à l'égard de la terre qu'un grain de poussière dans Sainte-Geneviève ! ! ! Mais nous avons vu tout à l'heure qu'il y a des animaux qui sont des milliards de milliards de fois plus petits que l'homme. Quelle immensité ! ! quelle infinie multitude de choses renferme ce monde qui a été fait en six jours ! ! O Dieu de miséricorde, que tes œuvres sont grandes, variées et sublimes ! Pourquoi m'as-tu refusé des yeux qui puissent les voir toutes, et une intelligence pour les saisir dans leur ensemble ? Toutefois j'en ai compris assez pour apprécier ta magnanimité et sentir devant ta puissance et l'éternité le néant d'un être tel que moi.

54. Thêmes de calculs sur la numération.

I. On demande quel ordre d'unité exprime le dix-neuvième chiffre d'un nombre?

Réponse : Le dix-neuvième chiffre d'un nombre est le premier chiffre à droite de la septième tranche ; il exprime par conséquent des unités de quintillions.

II. Quel rang occupent les dixaines de septillions?

Réponse : Elles occupent le second rang de la neuvième tranche, ou le vingt-huitième rang à partir des unités simples.

III. Dans une fête publique on a établi 10 fontaines de vin qui ont coulé chacune pendant dix heures, et qui fournissaient chacune 100 bouteilles par heure ; combien de bouteilles ont-elles fourni ?

Réponse : Il est manifeste, d'après les détails dans lesquels nous sommes entrés sur la formation des nombres et leur expression, que si chaque fontaine fournit 100 bouteilles par heure, dans 10 heures, elle fournit 1,000 bouteilles, et puisqu'il y a 10 fontaines, elles fournissent ensemble 10,000 bouteilles.

IV. M. Plumassier, marchand de plumes à écrire, arrivant à Paris, fait annoncer qu'il a déposé à la Gibecière d'or 1,000 ballots qui contiennent chacun 100 grosses de chacune 10 dixaines de paquets contenant chacun 10 plumes, combien cela fait de plumes en tout ?

Réponse : 10,000,000.

V. On a une corde ou un bâton qui est d'abord

divisé en 10 parties égales, chaque partie est divisée en 10 autres parties égales, et ainsi de même 8 autres fois de suite : combien chaque division contient-elle de parties égales ?

Réponse : Si on représente la longueur de la corde par 1, la première division fournit 10 parties ; la deuxième 100, la troisième 1,000, etc.

VI. On a 10 tas de cailloux ou de tout autre chose, il y a 10 fois plus de cailloux dans chaque tas que dans le précédent, combien le dernier contient-il de cailloux ; le premier en contenant 10 ?

Réponse : 10,000,000,000.

VII. On a un tas de blé, d'une lieue de hauteur et six lieues de circonférence, et qui contient, dit-on, 2 sextillions de grains de blés ; à côté de cet immense tas, sont d'autres tas de 10 en 10 fois plus petits : combien de grains contient le dixième et dernier de ces tas ?

Réponse : 2,000,000,000,000.

VIII. Combien faudrait-il de grains de sable, dont 10 feraient un grain de blé, pour remplir un trou qui contiendrait un milliard de milliards de petits cailloux, dont un équivaudrait à 1,000 grains de blé.

Réponse : 10,000,000,000,000,000,000,000.

IX. Les forces militaires d'un pays sont distribuées d'abord par escouades, ou décuries, de chacune 10 soldats, y compris un caporal et un sergent ou décurion ; 10 décuries forment une centurie, commandée par 2 officiers ordinaires et 1 capitaine ou centurion y compris ; 10 centuries, ou compagnies, forment un bataillon qui a 1 adjudant et 1 chef de bataillon ou d'escadron ; 10 bataillons forment un régiment ou légion, qui a 9 majors et 1 colonel ; 2 légions forment une brigade qui a 9 brigadiers et 1 général de brigade, toujours y compris; 2 brigades forment une division commandée par 2 maréchaux-de-camp et 1 lieutenant-général; enfin, l'armée entière est composée de 5 corps d'armées chacun de 3 divisions (une pour l'aile droite, l'autre l'aile gauche et la troisième le centre), commandées chacune par 1 maréchal-d'empire et 3 aides-de-camp-généraux; il y a en outre 1 général en chef aidé de 5 adjudans-généraux: de combien d'hommes se compose cette armée?

Réponse :

Chaque décurie = 10 hommes;
Chaque centurie ayant 10 décuries=100 hom.;
Chaque bataillon ayant 10 centuries = 1,000 h.;
Chaque régiment ayant 10 bataillons=10,000 h.;
Chaque brigade ayant 2 légions=20,000 hom.;
Chaque, etc.

Il ne peut y avoir ici de difficultés, car si 1 et 1 font 2, une dixaine et une dixaine font 2 dixaines, ou 20, etc.

X. Dans une ville il y a 10 quartiers, dans chaque quartier 100 maisons, dans chaque maison 10 ménages, et dans chaque ménage 10 personnes: combien y a-t-il de maisons, de ménages et de personnes dans cette ville?

Réponse: Il y a 1,000 maisons, 10,000 ménages et 100,000 personnes.

XI. En prenant pour unité le poids de l'atmosphère, lorsque le baromètre marque 76 cent. de mercure, la vapeur de l'eau étant 100° centigrade, la force de cette vapeur sur les parois d'une machine est alors à peu près de 2 kilogrammes ou 4 livres pour une surface grande comme une pièce de 50 centimes ou 10 sous; on demande quelle doit être la surface du piston pour produire une force égale à celle de 40 chevaux, lorsque la chaleur est à 180° et que la pression qui correspond à cette chaleur sur la même surface est de 10 atmosphères, ou 10 fois ce qu'elle était dans le premier cas, c'est-à-dire égale à 20 kilog. ou 40 livres pour une pièce de 10 sous, la force d'un cheval étant supposée de 500 kilog. ou 1,000 livres.

Réponse : Il est clair qu'une force de 40 chevaux équivaut à 40,000 livres ou 20,000 kilogrammes, mais une pièce de 10 sous répond à une force de 20 kilogrammes ; il faut donc une surface égale à celle de 1,000 pièces de 10 sous pour donner une force de 20,000 kilogrammes, c'est-à-dire que le piston devrait être à peu près de la grandeur d'un rondeau de boulanger.

XII. Saint Irénée attribue à saint Jean l'évangéliste ces paroles remarquables : Dans la Nouvelle Jérusalem, chaque cep de vigne produira 10,000 branches, chaque branche 10,000 bourgeons, chaque bourgeon 10,000 grappes ou raisins, et chaque raisin 10,000 grains : supposez que les grains soient gros comme un œuf et qu'il en faut 10 pour produire une bouteille de vin ou amphore, combien la vigne fournira-t-elle de bouteilles, si elle contient 10,000 ceps?

Réponse :

CHAPITRE II.

DE L'ADDITION.

PREMIÈRE LEÇON.

Notions générales.

55. Avant d'entrer dans les détails de chaque opération particulière, il est utile de montrer leur génération, la subordination qui existe entre elles,

la manière dont elles découlent de la numération, et les signes reçus par lesquels on les indique. Ce premier aperçu, tiré des notions que nous avons déjà sur les nombres, préparera l'esprit à de plus grands détails.

Il est évident, pour quiconque a bien compris ce que nous avons dit, que si à 3 il faut joindre l'unité pour faire 4, et qu'il faille encore ajouter 1 pour obtenir 5, on aurait 5 de suite, si à 3 on eût ajouté 2 d'un seul coup; de même, s'il y a 3 degrés de 4 à 7, savoir un premier degré de 4 à 5, un second degré de 5 à 6, et un troisième de 6 à 7, on arriverait à 7 à l'instant, en ajoutant d'un seul coup 3 unités à 4. Or, c'est précisément là ce qu'on nomme faire une ADDITION.

Dans la numération, cette addition est la plus simple possible, puisqu'elle se fait toujours en ajoutant successivement l'unité au dernier nombre obtenu, pour avoir celui qui le suit immédiatement. Ici, l'opération a pour objet d'ajouter plusieurs unités ou un nombre quelconque d'unités d'un seul coup. C'est ainsi qu'un enfant, après avoir monté les degrés un à un, essaie ensuite de les monter deux à deux ou trois à trois.

Dans l'intention d'abréger le langage ordinaire, on indique l'addition par ce signe très-précis + qu'on prononce *plus*. Ainsi 3 + 2 veut dire 3 ajouté à 2, ou 3 plus 2. Si au lieu de se borner à cette indication on *effectue l'opération* pour connaître *le résultat* 5, alors l'ensemble de ces détails s'écrit ainsi : 3 + 2 = 5, que l'on prononce 3 *plus* 2 *égale* 5; de sorte que le signe = est l'équivalent *d'égal.* Dans l'expression 4 + 3 = 7, 4 plus 3 est l'indication de l'opération à faire, 7 est le *résultat* de cette opération.

Il est clair que l'addition est une opération qui revient à ouvrir plusieurs doigts d'un seul coup, au lieu de les ouvrir un à un, comme nous l'avons fait dans la numération. Si, par exemple, tous les doigts d'une main étant ouverts, nous ouvrons encore quatre doigts de l'autre main, il n'est personne qui ne conçoive que nous aurons $5 + 4 = 9$ doigts ouverts.

56. Nous avons vu dans la numération que les dix doigts étant ouverts, en les fermant successivement un à un, nous descendons d'abord de 10 à 9, puis de 9 à 8, puis de 8 à 7, etc.; il est donc sensible que si tout d'un coup nous fermons trois doigts, nous descendons immédiatement de 10 à 7, ce qui arithmétiquement s'écrit ainsi $10 - 3$ qu'on prononce 10 *moins* 3, parce que ce signe —, que l'on prononce *moins*, marque la diminution, comme le signe + marque l'augmentation. Si comme dans l'addition nous voulons joindre le résultat à l'expression indicative $10 - 3$, nous aurons $10 - 3 = 7$, et c'est dans cette opération que consiste ce qu'on nomme une SOUSTRACTION.

Si tous les doigts étant ouverts nous en fermions tout d'un coup sept, nous aurions évidemment la soustraction $10 - 7 = 3$ encore ouverts.

57. En examinant plus attentivement la suite des nombres 1, 2, 3, 4, 5, 6, 7, etc., fournis par la numération, il est évident que 6, par exemple, est composé de deux fois 3, ou de 3 répété deux fois, de sorte que $3 + 3 = 6$; par la même raison, 9 contient 3 trois fois, ou $3 + 3 + 3 = 9$; 12 est composé de 3 pris quatre fois, ou $3 + 3 + 3 + 3 = 12$; $15 = 3 + 3 + 3 + 3 + 3$, ou égale cinq fois 3, c'est-à-dire autant de fois 3 que 5 contient 1. Mais il y a une manière de prendre 5 fois 3 tout d'un coup, qui s'écrit ainsi $3 \times 5 = 15$, et qui s'énonce en disant 3 multiplié par 5 égale 15; de sorte que le signe $\times$ signifie *multiplier par*, et c'est là ce qu'on appelle faire une *multiplication*; opération qui n'est, comme on voit, qu'une manière de faire plus promptement l'addition de $3 + 3 + 3 + 3 + 3$.

Deux lignes en croix qui se trouvent entre deux chiffres indiquent donc une multiplication à faire, et le nombre qui est d'autre part du signe = marque le résultat. Ainsi $7 \times 3 = 21$, marque que 7 pris trois fois ou multiplié par 3 compose 21. Nous verrons plus bas comment on arrive à savoir que 3 multiplié par 7 égale 21, ou que 7 + 7 + 7 = 21.

58. La *division* ne découle pas moins clairement de la numération soumise à *la soustraction*, ou de la dénumération. Si, par exemple, de 18 on descend de 3 en 3 degrés, c'est-à-dire si de 18 on soustrait 3, on arrive d'abord à 15; soustrayant encore 3 on descend à 12, de 12 ôtant 3 on tombe à 9, puis de 9 descendant encore de 3 on arrive à 6, puis à 3, et enfin retranchant 3 de lui-même le reste est zéro, et 18 se trouve épuisé; d'où il suit que 18 contient 6 fois 3, car de 18 à 15 il y a une fois 3, de 15 à 12 une deuxième fois 3, de 12 à 9 une troisième fois, de 9 à 6 une quatrième, de 6 à 3 une cinquième, et de 3 à 0 une sixième fois.

L'abréviation de toutes ces soustractions, qui reviennent à 18 — 3 = 15, puis 15 — 3 = 12, puis 12 — 3 = 9, etc., est précisément ce qu'on nomme une *division*, opération que l'on a coutume d'écrire ainsi $\frac{18}{3}$ 0 = 6, ce qu'on exprime en disant que 3 est contenu en 18, six fois; ou que 18 contient 3 six fois, ou que 18 divisé par 3 égale 6.

59. Tels sont les rapports qu'ont entre elles et avec la numération les quatre opérations de l'arithmétique; telle est aussi la nature et l'objet de ces opérations. On voit évidemment que la multiplication est une abréviation de l'addition, comme la division est une abréviation de la soustraction;

Que la soustraction est l'opération *inverse* de l'addition, puisqu'elle défait ce qui a été fait dans celle-ci; et qu'il en est de même de la division à l'égard de la multiplication. Ce qui va s'éclaircir d'ailleurs par les détails dans lesquels nous allons entrer sur chaque opération.

DEUXIÈME LEÇON.

De l'Addition.

60. L'addition, telle que la définissent les arithméticiens, *est l'opération par laquelle on réunit plusieurs nombres en un seul qu'on appelle somme.*

Cela est évidemment conforme à la notion que je viens de donner de cette opération, car ajouter 2 à 3, c'est réunir ces deux nombres en un seul nombre 5, et montrer que lui seul équivaut aux deux autres, et en est par conséquent la *somme* ou le représentant des unités qu'ils contiennent. Ajouter de même 3 à 4, c'est former le nombre 7, ou leur expression abrégée et qui peut leur être substituée avec avantage dans une foule de cas, comme nous allons le voir tout à l'heure.

Les enfans savent bientôt faire ces petites additions, parce qu'elles se présentent souvent dans les relations ordinaires de la vie et qu'elles ne s'étendent pas fort loin, puisque le plus grand des *chiffres* ou le plus grand des nombres d'un seul chiffre, que nous appellerons aussi *nombres simples* ou *monochiffres*, est 9, et que 9 ajouté à lui-même, ou 9 plus 9, n'excède pas 18, nombre que la mémoire la plus ordinaire retient aisément.

61. Toutes simples qu'elles sont, ces additions sont néanmoins le fondement de toutes les autres, quelque considérables qu'elles soient. Car, par exemple, si nous avions 5, 3 et 7 à réunir en un seul nombre, nous commencerions par ajouter 5 à 3 pour avoir leur expression abrégée 8, ou leur somme, à laquelle nous ajouterions ensuite 7, en nous *élevant* de *sept degrés*

au dessus de huit, et le nombre 15, auquel nous arriverions, serait la somme des trois nombres 5, 3 et 7. Ces petites opérations, ainsi que nous l'avons dit plus haut, s'expriment arithmétiquement de cette manière : $5 + 3 + 7 = 15$.

On aurait de même $4 + 9 + 6 + 2 + 7 = 28$, en commençant par réunir 4 à 9, puis à la somme partielle 13, ajoutant 6, nous aurions 19, deuxième somme partielle, à laquelle joignant le nombre 2, on obtient la troisième somme partielle 21, qui augmentée de 7 donne enfin la somme totale, 28.

La vérité de ces opérations est facile à concevoir, et leur utilité perce surtout par la fréquence des cas où elles se présentent. Les commençans ne peuvent donc trop s'appliquer à se les rendre familières. Voici, entre mille, un exemple des questions sur lesquelles ils pourront s'exercer.

62. Un cultivateur a chez lui 3 fils, 2 filles, 5 domestiques, 7 moissonneurs et 4 vignerons; la maîtresse de la maison demande pour combien de personnes elle doit préparer à dîner, y compris elle et son mari. Il est clair qu'on trouve la réponse à cette question par une addition qui s'indique et s'effectue, comme les précédentes, en cette sorte

$$3 + 2 + 5 + 7 + 4 + 2 = 23.$$

Si nous pouvions ajouter, par exemple, les nombres 143, 231 et 415 aussi facilement que nous venons de réunir les précédens, et dire 143 et 231 font 374, première somme partielle, laquelle augmentée du troisième nombre 415 donne pour somme totale 789, cela serait fort commode ; mais notre esprit est de beaucoup trop borné pour embrasser à la fois de si grands nombres, et pour les voir dans toutes leurs parties assez distinctement pour pouvoir les réunir avec la même facilité que les nombres 5, 3 et 7.

Toutefois, l'addition de ces nombres 143, 231 et 415, comme celle de nombres beaucoup plus considérables, se ramène à celle des chiffres dont ils sont composés, et s'effectue sans plus de difficultés que les exemples précédens, seulement il faut plus de temps. C'est là tout le mystérieux de la science des nombres. Tout l'art de l'arithmétique est de *décomposer les opérations dont elle s'occupe et qui excèdent les forces de notre esprit, en plusieurs opérations partielles, comprises dans l'étendue de nos facultés.* C'est précisément ce que nous faisons lorsque nous avons un fardeau trop lourd à transporter; nous le partageons de manière à faire en plusieurs fois ce que nous ne pouvons faire en une seule. Ainsi, dans l'impossibilité où nous sommes d'ajouter d'un seul coup les trois nombres 143, 231 et 415, nous commençons par ajouter leurs unités simples, et nous avons $3 + 1 + 5 = 9$, puis nous ajoutons ensuite les dixaines $4 + 3 + 1 = 8$, ou $40 + 30 + 10 = 80$, et enfin les centaines $1 + 2 + 4 = 7$, ou $100 + 200 + 400 = 700$, et il est évident que les trois nombres contiennent 7 centaines, 8 dixaines et 9 unités, et font 789, c'est-à-dire que ce nombre est leur expression abrégée ou leur somme.

Il est donc bien clair maintenant que toute addition se réduit partiellement à celle des nombres,

$$1, 2, 3, 4, 5, 6, 7, 8, 9.$$

63. Voici un tableau qui présente toutes ces petites additions, et auquel on pourra recourir jusqu'à ce qu'on les sache parfaitement.

A B

0	1	2	3	4	5	6	7	8	9
1	2	3	4	5	6	7	8	9	10
2	3	4	5	6	7	8	9	10	11
3	4	5	6	7	8	9	10	11	12

C On doit achever ce tableau.

Ce tableau se forme en écrivant d'abord les neuf chiffres sur une ligne horizontale en tête de laquelle on place le zéro ; puis on écrit pareillement les mêmes chiffres 1, 2, 3, 4, etc., dans une colonne verticale, placée au-dessous du zéro écrit dans la ligne horizontale précédente ; enfin le nombre écrit dans chaque case est formé en ajoutant le nombre qui lui correspond dans la ligne horizontale à celui qui lui correspond dans la colonne verticale, de sorte que la somme de deux nombres quelconques, tels que 3 et 8, *se trouve au-dessous de 8 qui est dans la ligne horizontale* A B, *et vis-à-vis le chiffre* 3 *qui est dans la première colonne verticale* A C : cette somme est ici 11, et nous apprend que $8 + 3 = 11$.

Mais cette somme 11 se trouve aussi au-dessous de 3 et vis-à-vis 8, ce qui nous apprend que $3 + 8$ sont aussi égaux à 11, et que par conséquent $8 + 3 = 3 + 8$, c'est-à-dire que la somme de deux nombres est la même quel que soit l'ordre dans lequel on les ajoute ; il en serait de même s'il y avait trois nombres : $3 + 5 + 7 = 5 + 7 + 3$, etc.

La même somme 11 se trouve encore dans plusieurs autres cases ; par exemple ; au-dessous de 9 et vis-à-vis 2, au-dessous de 7 et vis-à-vis 4, au-dessous de 5 et vis-à-vis 6, etc. Cette circonstance nous annonce les autres combinaisons de chiffres dont la somme est également 11. Ainsi $2 + 9 = 7 + 4 = 5 + 6 = 6 + 5 = 11$.

Tels sont la formation et les usages de cette table.

64. De tous ces détails nous conclurons que, pour faire l'addition de plusieurs nombres d'un seul chiffre, *il faut d'abord réunir le premier avec le second ainsi que nous l'avons dit ; puis ajouter à la somme qui résulte de cette réunion, le troisième des nombres proposés ; puis, à cette deuxième somme partielle, réunir le quatrième et ainsi de suite : la dernière somme obtenue est la somme totale.*

TROISIÈME LEÇON.

De l'addition des nombres de plusieurs chiffres.

65. Pour faire l'addition de plusieurs nombres *polychiffres*, ou de plusieurs chiffres, *il faut :* 1° *les écrire les uns sous les autres de manière que les unités de même ordre se trouvent dans une même colonne, c'est-à-dire les unités les unes sous les autres, les dixaines les unes sous les autres, les centaines les unes sous les autres, et ainsi de suite ;* 2° *souligner le dernier de ces nombres écrits par un trait horizontal ;* 3° *faire la somme de chaque colonne en commençant par celle des unités, passant ensuite à celle des dixaines, puis à celle des centaines, etc. ;*

4° écrire chaque somme particlle au-dessous de la colonne qui l'a fournie; enfin avoir l'attention que toutes ces sommes se trouvent sur une même ligne horizontale, laquelle sera la somme ou le total de tous les nombres proposés.

Ainsi, pour faire l'addition des trois nombres 2,145; 3,212, et 4,521, on les placera comme ils sont écrits ci-contre.

Colonnes	4e	3e	2e	1re.
Premier nombre	2,	1	4	5
Deuxième nombre	3,	2	1	2
Troisième nombre	4,	5	2	1
Somme	9,	8	7	8

La première colonne donnera, en commençant par le bas, $1 + 2 + 5 = 8$, que l'on écrira au-dessous.

La deuxième colonne donnera $2 + 1 + 4 = 7$, que l'on écrira de même au-dessous de la deuxième colonne, à gauche du 8 et sur la même ligne.

La troisième colonne fournit $5 + 2 + 1 = 8$, que l'on placera au-dessous de cette colonne et en avant des autres chiffres.

Enfin la quatrième colonne est $4 + 3 + 2 = 9$; écrivant ce chiffre 9 comme les autres, on obtient 9,878 pour somme des trois nombres proposés.

Il est clair que ce résultat est bien la somme cherchée, car il est évidemment composé de la somme des unités, de celle des dixaines, de celle des centaines et de celle des mille, et qu'ainsi la règle est infaillible, puisque au fond elle ne diffère point de ce principe, que le tout est égal à toutes ses parties.

La pratique a d'ailleurs montré qu'en rapprochant autant que possible, ainsi qu'on le fait par la disposition des nombres, les unités de chaque ordre, ou qui doivent être réunies dans un seul groupe, on procure en même temps au calculateur toutes les facilités désirables d'exécution.

On s'exercera sur les trois exemples suivans:

1er	2e	3e
10,435	132,415	2,013,142
30,241	320,121	1,301,413
45,102	401,242	3,202,021
11,200	122,020	2,123,213
96,978	975,798	8,639,789

QUATRIÈME LEÇON.

66. *Première modification.* Cette règle éprouve diverses modifications que nous allons parcourir, afin de prévenir toutes difficultés. Dans les exemples précédens, la somme des chiffres d'une même colonne n'excède pas 9, mais si cette somme excédait 9, *elle contiendrait des unités de l'ordre immédiatement supérieur,* ou de

la colonne suivante, à gauche, et alors *il faudrait les extraire pour les ajouter à celles de cette colonne, sur laquelle on procèderait d'ailleurs comme il a été dit, et on n'écrirait au-dessous de la colonne qu'on vient d'additionner*, que *les unités de son espèce;* sur quoi il faut observer qu'à la dernière colonne à gauche on avance d'un ou deux rangs le chiffre des dixaines ou celui des centaines qu'elle a pu produire.

67. Éclaircissons ceci par un exemple, et supposons qu'on ait à réunir les trois nombres 46,567 + 75,683 + 64,575. Après les avoir disposés comme ci-contre, en procédant à la somme des unités, on trouvera 5 + 3 + 7 = 15 ou 10 + 5, somme dans laquelle il y a une dixaine et 5 unités.

46,567
75,683
64,575
186,825

Au lieu donc d'écrire 15 sous cette colonne, on n'écrira que 5, c'est-à-dire que les unités qu'elle comprend, et on retiendra la dixaine pour la joindre à celles que va fournir la colonne suivante; de sorte qu'on aura pour cette colonne 1 de retenue + 7 + 8 + 6 = 22 dixaines, ou 220 = 200 + 20, somme qui contient deux centaines qu'on retiendra pour joindre à la colonne suivante des centaines, et deux dixaines que l'on écrira au-dessous de la colonne des dixaines que l'on vient d'additionner.

D'après cette explication, la colonne des centaine est 2 de retenue + 5 + 6 + 5 = 18 centaines = 1 mille + 8 centaines; celle des mille donne 1 mille de retenue + 4 + 5 + 6 = 16 mille = 1 dixaine de mille + 6 mille; enfin celle des dixaines de mille fournit 1 + 6 + 7 + 4 = 18, somme que l'on écrit au-dessous de la colonne qui vient de la produire, en avançant le chiffre 1 au rang des centaines de mille, ainsi qu'il a été dit, et la somme des trois nombres proposés se trouve être 186,825.

68. Voici trois autres exemples sur lesquels on fera bien de s'exercer.

1er

657,425
758,246
491,854
346,547

2,254,072

2e

846,756,479,684
523,265,348,765
738,475,786,362
365,103,745,765
578,462,954,798
784,756,423,687

3,836,820,739,061

3e

576,874,756,846
347,968,724,657
256,998,741,787
525,576,346,579
734,673,547,686
375,968,764,573
478,877,642,736
564,893,743,579

3,861,832,268,443 sommes.

69. *Deuxième modification.* Il peut arriver que tous les nombres à réunir ne renferment pas le même nombre de chiffres, mais il n'en faut pas moins écrire les nombres *de manière que les unités du même ordre se trouvent dans une même colonne;* et quoiqu'alors toutes les colonnes ne soient pas remplies, l'opération ne s'en fait pas moins d'après la règle générale,

70. Voici trois exemples que je propose à faire.

1er

	5,346,875,654,368,457
	106,548,654,364
	7,454,317,627,942,172
	534,645,732,791,524
	65,794,876
	3,576,486.559,837
	379,876,453
	7,642,316
	268,694
Somme. .	18,576,008,244,435,120.

2e	3e
67,546,823,546,013	3
3,648,657,462,757	27
754,216,708.461	375
67,624,549,639	5,486
8,751,364,625	76,487
751,346,523	354,623
33,469.739	7,654,837
4,545,768	12,875,432
636,736	347,584,663
53,469	6,523,245,787
6,527	53,768,725,487
463	164,879,753,648
58	
7	225,538,476,855
72,026,863,690,785	somme.

71. *Toisième modification.* Si les nombres de l'opération étaient en très *grand nombre*, on pourrait pour plus de facilité *les disposer dans*

plusieurs additions partielles, et ensuite réunir toutes les sommes obtenues en une seule qui serait la somme totale.

Par exemple, si on avait à faire la somme de cent nombres, on pourrait partager l'opération en dix additions de chacune dix nombres, et ensuite réunir les dix sommes partielles en une seule.

Supposons qu'on ait obtenu pour sommes partielles les nombres suivans : 4,505 + 39,732 + 38,571 + 62,366 + 504,863 + 5,425 + 45,351 + 50,577 + 63,388 + 56,357, on trouverait pour somme générale 871,135.

CINQUIÈME LEÇON.

Application de l'Addition à différentes questions qui en dépendent.

72. Bien convaincu que sans la pratique, la plupart des règles ne sont que de vaines formules qui surchargent la mémoire sans éclairer l'esprit, nous avons pensé remédier à ce grave inconvénient, en proposant à la suite de la théorie de chaque opération, un recueil de problèmes choisis, qui sont comme autant de thèmes de calculs, sur lesquels les jeunes gens pourront se fortifier dans l'application des préceptes et se préparer à la solution de toutes les questions qui se présentent en foule dans les diverses circonstances de la vie, quelle que soit d'ailleurs la profession qu'on ait embrassée.

Nous avons résolu nous-même une partie de ces problêmes, afin de mettre sur la voie pour la résolution des autres, dont nous n'avons donné que les résultats ou même que l'énoncé.

Dans notre manière de voir, ces problêmes doivent avoir encore cet autre objet, de piquer la curiosité et d'exciter l'esprit à des efforts capables de développer ses aptitudes, de lui faire contracter l'heureuse habitude d'observer ce qui se passe autour de lui, et enfin de lui fournir une multitude de données précieuses, beaucoup d'acquit, et de l'amener insensiblement à des réflexions propres à le mûrir et à lui communiquer l'expérience, sans laquelle l'homme reste exposé à tomber d'erreur en erreur et ne peut jamais être vraiment sage.

Ainsi l'arithmétique, telle que je la conçois, doit être étudiée comme tous les arts, sous ce quadruple point de vue, savoir : dans *les préceptes de théorie et les raisonnemens* qui les établissent et qui constituent proprement la science; dans le *mécanisme des calculs*, lesquels sont réellement les instrumens de l'arithméticien; dans *les problèmes*, que l'on doit regarder comme le sujet ou la matière à laquelle s'appliquent les théories scientifiques et les instrumens qu'elles emploient; enfin dans les *règles de conduite et de prudence* qui découlent naturellement de la solution des questions ou problèmes, et qui doivent nous garder des illusions où nous pourrions tomber, et nous épargner par conséquent les regrets ou les chagrins qui en seraient les conséquences.

Pour moi l'arithmétique est donc non-seulement une série de calculs, mais aussi une méthode infaillible de parvenir à une nombreuse série de vérités pratiques, utiles ou même importantes, parce qu'elles sont la source d'une sorte de morale rationnelle qui apprécie toutes choses par des faits et des calculs positifs, aussi propres à nous maintenir dans les devoirs d'une équitable circonspection qu'à déjouer les projets de ceux qui chercheraient à surprendre notre confiance ou notre bonne foi.

L'arithmétique est de nature à produire de profondes convictions sur tous les sujets auxquels elle s'étend. Or, l'homme qui est frappé de ce qui est juste ou injuste est rarement un homme immoral, et le fripon le plus déhonté ne s'attaque pas aux personnes qu'il connaît capables d'apprécier, par des calculs sévères, le fort et le faible des choses : ainsi l'homme qui calcule se laisse rarement aller à des illusions ou à des injustices, et se trouve à l'abri des séductions et des spéculations des méchans.

73. D'après ce que nous avons dit, l'addition ne peut évidemments'effectuer que sur des nombres de même espèce, tels que des sommes d'argent qui se rapportent toutes à une même unité, comme *le franc, la livre sterling, la rixdale*, etc., ou des quantités de denrées ou de marchandises exprimées en *livres* poids, ou en *quintaux*, etc., ou des longueurs, ou, etc. ; cela est évident puisque son objet étant de former de plusieurs choses un *seul tout*, il est impossible de concevoir que ces choses puissent se référer à des unités de différentes espèces. Ainsi, je le répète, on ne saurait additionner 9 hommes avec 8 chevaux et 7 arbres, car le nombre 24 qui résulterait de cette addition, n'exprimerait ni 24 hommes, ni 24 chevaux, ni 24 arbres; de même on ne peut réunir 3 unités avec 5 dixaines et 7 centaines, car la somme 15 de ces nombres ne serait qu'une collection de choses hétérogènes et non un tout homogène; c'est pour éviter cette hétérogénéité qu'on dispose les nombres à ajouter de manière que les unités de même espèce soient dans une même colonne.

74. L'énoncé le plus ordinaire sous lequel se présentent les questions qui conduisent à faire une addition est celui-ci : *faire la somme* ou *trouver le total* de telles ou telles quantités. Nous avons dit que pour opérer les additions il faut avoir dans la mémoire, et même s'être rendu très-familières les sommes des 9 premiers chiffres ajoutés ensemble deux à deux. Les personnes qui ne seraient pas encore parvenues à ce résultat, retourneraient à la table que j'ai donnée de ces sommes. Je passe aux questions.

CHAPITRE IV.

DE LA MULTIPLICATION.

PREMIÈRE LEÇON.

96. *Préliminaire.* La numération, en procédant par unités simples, par dixaines, dixaines de dixaines, ou centaines, etc., offre un moyen naturel et évident de se former des idées exactes de chaque nombre en particulier, et les désigne chacun par des noms et des signes commodes pour les exprimer, les fixer dans la mémoire et les combiner; mais cette faculté de numérer et de dénumérer les nombres, en procédant de l'un à l'autre par l'unité, néanmoins l'avantage de manifester leur génération commune et la subordination qui existe entre eux, ne nous aurait été que de peu d'utilité, si l'addition et la soustraction ne nous eussent appris, la première à former des collections ou des nombres beaucoup plus considérables et avec beaucoup plus de rapidité, et la deuxième à défaire ces collections ou décomposer ces nombres avec la même promptitude que nous les avions formés. Il est question maintenant de trouver un moyen plus expéditif encore pour opérer ces compositions et décompositions : ces deux nouveaux moyens sont la multiplication et la division, dont nous avons déjà une légère idée; mais nous allons reprendre ici ces premières notions en nous occupant d'abord de la multiplication.

Nous avons vu que la multiplication a sa source

dans la numération, et qu'elle n'est qu'un moyen d'abréger l'addition dans les cas où les *addendes* ou les nombres à ajouter sont égaux entre eux. Ainsi, si on avait par exemple à prendre 5 fois le nombre 123, au lieu de faire l'addition, comme il a été enseigné, en écrivant 5 fois ce nombre, on s'y prendrait de cette autre manière : on écrirait une seule fois 123, et on placerait 5 au-dessous ainsi qu'il est marqué ci-contre; puis on dirait, 5 fois 3 ou 3 + 3 + 3 + 3 + 3 = 15, je pose 5 et je retiens la dixaine; puis, 5 fois 2 ou 2 + 2 + 2 + 2 + 2 = 10, et la dixaine de retenue font 11, je pose 1 et je retiens la centaine; enfin, on répéterait 5 fois 1, qui font 5, et la centaine de retenue font 6, et on aurait de cette manière 615 pour l'addition de 5 fois 123 ou la valeur de 123 ajouté quatre fois à lui-même.

$$\begin{array}{r} 123. \\ 5. \\ \hline 615. \end{array}$$

Pour mieux faire sentir la vérité de ce résultat, et ne rien laisser d'obscur dans l'esprit des commençans sur ce sujet important, je place ici l'addition, afin qu'ils conçoivent combien cette nouvelle manière d'opérer abrége les calculs, surtout dans le cas où l'on aurait dû ajouter 123 à lui-même, cent fois, ou plusieurs centaines de fois.

$$\begin{array}{r} 123. \\ 123. \\ 123. \\ 123. \\ 123. \\ \hline 615. \end{array}$$

97. *De la multiplication des nombres d'un seul chiffre ou de la table de Pythagore.* La multiplication est donc une opération arithmétique par laquelle on arrive plus promptement à un résultat qu'on n'aurait pu obtenir que d'une manière embarrassante et prolixe par l'addition : elle est donc l'abréviation de cette opération; mais pour pratiquer cette nouvelle manière d'opérer, il faut évidemment avoir fixé dans sa mémoire tous les résultats des nombres simples *multipliés entre eux*. En conséquence, nous placerons ici une table dont

l'invention est attribuée à Pythagore, et qui les contient tous.

A

	1	2	3	4	5	6	7	8	9	B
	2	4	6	8	10	12	14	16	18	
	3	6	9	12	15	18	21	24	27	
	4	8	12	16	20	24	28	32	36	
	5	10	15	20	25	30	35	40	45	
	6	12	18	24	30	36	42	48	54	
	7	14	21	28	35	42	49	56	63	
	8	16	24	32	40	48	56	64	72	
C	9	18	27	36	45	54	63	72	81	D

Cette table, que l'on nomme aussi *abaque* ou *livret*, se forme en écrivant d'abord les neuf premiers nombres sur une ligne horizontale, allant de A en B, laquelle forme une bande qui est partagée en neuf cases par des lignes verticales. On ajoute ensuite chacun de ces nombres à lui-même, en disant : 1 et 1 font 2, que l'on écrit au-dessous de 1, pour former la première colonne verticale; 2 et 2, ou 2 fois

2, font 4, que l'on écrit au-dessous de 2 ou dans la seconde colonne verticale ; 3 et 3, ou 2 fois 3, font 6, que l'on écrit au-dessous du 3 de la première ligne ; 4 et 4, ou 2 fois 4, font 8, et ainsi de suite, ce qui donne la seconde ligne horizontale, qui comprend les nombres 2, 4, 6, 8, etc., qui égalent deux fois les nombres 1, 2, 3, 4, ou sont le double de ces nombres qui leur correspondent dans la première ligne, ou enfin qui sont leurs produits par 2 (1).

En réunissant les nombres de la seconde ligne à leur correspondant dans la première, on forme la troisième ligne, qui contient les nombres 3, 6, 9, 12, etc., qui sont le triple des nombres de la première ou leurs produits par 3.

La quatrième ligne se forme en ajoutant la troisième ligne à la première ; elle contient les nombres 4, 8, 12, 16, etc., qui sont le quadruple ou le produit des nombres de la première par 4.

Enfin, on forme une ligne quelconque en ajoutant la précédente à la première ; ainsi la huitième ligne, ou bande horizontale, se forme en ajoutant la septième à la première, et les nombres 16, 24, 32, 40, etc., qu'elle contient, sont l'octuple des nombre de cette première ou leurs produits par 8.

98. Les usages de cette table sont aussi faciles

---

(1) Cette explication conduit à une autre manière de présenter la table de Pythagore. Comme les goûts sont très-variés, j'ai eu

à comprendre que sa composition. Si l'on veut savoir combien font 5 fois 7, on cherchera 7

---

l'intention de les satisfaire tous, en offrant en note cette seconde manière.

2 fois 1 font 2	4 fois 1 font 4	6 fois 1 font 6	8 fois 1 font 8
2 — 2 — 4	4 — 2 — 8	6 — 2 — 12	8 — 2 — 16
2 — 3 — 6	4 — 3 — 12	6 — 3 — 18	8 — 3 — 24
2 — 4 — 8	4 — 4 — 16	6 — 4 — 24	8 — 4 — 32
2 — 5 — 10	4 — 5 — 20	6 — 5 — 30	8 — 5 — 40
2 — 6 — 12	4 — 6 — 24	6 — 6 — 36	8 — 6 — 48
2 — 7 — 14	4 — 7 — 28	6 — 7 — 42	8 — 7 — 56
2 — 8 — 16	4 — 8 — 32	6 — 8 — 48	8 — 8 — 64
2 — 9 — 18	4 — 9 — 36	6 — 9 — 54	8 — 9 — 72
3 fois 1 font 3	5 fois 1 font 5	7 fois 1 font 7	9 fois 1 font 9
3 — 2 — 6	5 — 2 — 10	7 — 2 — 14	9 — 2 — 18
3 — 3 — 9	5 — 3 — 15	7 — 3 — 21	9 — 3 — 27
3 — 4 — 12	5 — 4 — 20	7 — 4 — 28	9 — 4 — 36
3 — 5 — 15	5 — 5 — 25	7 — 5 — 35	9 — 5 — 45
3 — 6 — 18	5 — 6 — 30	7 — 6 — 42	9 — 6 — 54
3 — 7 — 21	5 — 7 — 35	7 — 7 — 49	9 — 7 — 63
3 — 8 — 24	5 — 8 — 40	7 — 8 — 56	9 — 8 — 72
3 — 9 — 27	5 — 9 — 45	7 — 9 — 63	9 — 9 — 81

On ferait bien de s'apprendre à dire aussi 2 fois 1 1/2 font 3, 2 fois 2 1/2 font 5, 2 fois 3 1/2 font 7, 2 fois 4 1/2 font 9, etc. Nous verrons cette nouvelle table en parlant des fractions.

dans la première bande horizontale, et on descendra au-dessous de 7 jusqu'à la ligne qui a 5 en tête, c'est-à-dire jusqu'à la cinquième ligne ou bande horizontale, et le nombre 35, qui se trouve correspondre à 5 et à 7, est le produit de ces deux nombres. Le produit de 8 par 6 se trouve au-dessous de 8, dans la sixième bande horizontale ou vis-à-vis 6, et ainsi des autres.

99. Dans la langue arithmétique, le nombre à multiplier se nomme *multiplicande*, et le nombre par lequel on multiplie, ou le nombre qui marque combien de fois on doit répéter le multiplicande, se nomme *multiplicateur*. Ainsi, nous dirons que dans la table de Pythagore le produit de deux nombres monochiffres *se trouve sous le multiplicande, vis-à-vis le multiplicateur*. On conçoit bien que la première bande horizontale A B est celle des multiplicandes, et que la première colonne A C est celle des multiplicateurs.

100. Si, par exemple, on demandait combien font 7 fois 9, on répondrait à l'instant à cette question par le nombre 63, qui se trouve au-dessous de 9 et vis-à-vis 7; mais on trouve aussi le nombre 63 au-dessous de 7 et vis-à-vis 9 : ce nombre doit être alors considéré comme le produit de 7 par 9; de sorte que la table de Pythagore confirme ce que nous savons déjà, que $9 \times 7 = 7 \times 9$. Dans le premier cas, 9 est le multiplicande et 7 le multiplicateur, et 63 est considéré comme composé de 7 fois 9; dans le second, c'est 7 qui est le multiplicande et 9 qui fait la fonction de multiplicateur, et alors le produit 63 est regardé comme composé de 9 fois 7.

Les nombres 7 et 9, regardés en général comme concourant à former *le produit* 63, sont nommés *facteurs* de ce produit.

101. *De la multiplication d'un nombre de plusieurs chiffres par un nombre d'un seul chiffre.* Je reviens sur cette opération dont j'ai déjà donné un exemple. Afin de compléter les détails qu'elle présente, je suppose qu'on propose de multiplier 321 par 3; l'objet de la multiplication étant de répéter 3 fois les unités, 3 fois les dixaines et 3 fois les centaines de 321, pour le faire le plus commodément possible, *on écrit communément le multiplicande, qui est ici* 321, *au-dessous des unités duquel on place le multiplicateur* 3; *on souligne ce dernier nombre afin de le séparer du résultat* ou produit *qu'on va obtenir. Après quoi, on procède à la formation de ce produit en multipliant successivement les chiffres* 1, 2 *et* 3 *de* 321 *par le multiplicateur* 3, et en disant ainsi qu'il suit : 3 fois 1 font 3, que l'on pose au-dessous, puis 3 fois 2 font 6, que l'on pose également au-dessous et à gauche du 3, afin qu'étant un produit de dixaine, il se trouve au rang des dixaines; enfin, on dit 3 fois 3 font 9, et comme ce sont des centaines, on place 9 au troisième rang à gauche du chiffre 6, de sorte qu'on a évidemment 9 centaines, 6 dixaines et 3 unités, ou 963 pour le triple ou le produit de 321 par 3.

$$\begin{array}{r} 321 \\ 3 \\ \hline 963 \end{array}$$

102. Il est clair que dans ce cas on pourrait écrire 3 sous les centaines, et dire 3 fois 3 font 9 centaines,

puis 3 fois 2 dixaines font 6 dixaines, et enfin 3 fois 1 font 3 unités. Le produit 963 s'obtient tout aussi brièvement; mais si au lieu de 321 on avait par exemple 534 à multiplier par 3, il ne serait plus indifférent de commencer la multiplication par la droite ou par la gauche ; il importe, pour bien saisir le mécanisme de cette opération, de se pénétrer de cette vérité. On pressent déjà qu'il se passe ici quelque chose d'analogue à ce que nous avons déjà observé sur l'addition et la soustraction, relativement aux avantages attachés à la manière d'opérer en allant de droite à gauche; mais pour ne pas interrompre le cours naturel des opérations, je renvoie l'examen de cette circonstance à l'appendix, en me contentant pour le moment d'avoir prévenu l'attention des élèves d'une particularité qui aurait pu leur échapper, ou préoccuper l'esprit de ceux qui l'auraient entrevue.

321
3
963

DEUXIÈME LEÇON.

103. 1re *Modification.* Dans l'exemple précédent, le produit de chaque chiffre du multiplicande par le multiplicateur 3 s'est trouvé être d'un seul chiffre ; *mais s'il en contenait deux, ou renfermait des dixaines, on n'écrirait que le chiffre à droite, et on retiendrait le chiffre à gauche pour l'ajouter au produit partiel suivant.* Si, par exemple, le produit des unités, au lieu d'être 3 comme dans l'exemple que je viens d'offrir, était 13, on n'écrirait que 3 au-dessous de 1, et on retiendrait la dixaine pour la réunir au produit suivant qui est un produit de dixaine; de même, si le produit des dixaines, au lieu d'être 6, était 26, par exemple, on re-

tiendrait les deux centaines pour les joindre au produit suivant des centaines, etc. Voici un exemple qui parle aux yeux en même temps qu'à l'esprit.

Supposons à multiplier 593 par 4. En procédant à la multiplication, après avoir écrit et souligné ces nombres, on trouve 12 pour premier produit partiel fourni par les unités 3 multipliées par 4; alors, au lieu d'écrire 12, on écrit 2 seulement, et on retient la dixaine pour la joindre au produit suivant de 9 × 4 qui est 36, et qui devient 37 par la retenue; de sorte qu'on n'écrit encore que 7, retenant les 3 centaines pour les joindre au troisième produit de 5 × 4 qui se trouve alors être de 23 centaines ou 2 mille et 3 centaines.

104. Pour saisir la légitimité de ce produit et de la règle suivant laquelle il a été formé, il n'y a qu'à opérer la multiplication en écrivant chaque produit partiel, tel qu'il est fourni, avec l'attention de mettre les unités de même ordre dans un même rang, afin d'opérer ensuite plus commodément la réduction des produits partiels en un seul, lequel sera le produit, total tel que nous allons l'obtenir immédiatement au moyen des retenues faites de tête.

Multiplicande.	593
Multiplicateur. . . .	4
1er Produit partiel. .	12
2e Produit partiel. .	36.
3e Produit partiel. .	2,0. .
Produit total. . .	2,372

Je dis donc 4 fois 3 font 12, que j'écris au-dessous en avançant le chiffre 1 des dixaines au deuxième rang; puis, 4 fois 9 font 36 que j'écris de manière à placer le chiffre 6, qui exprime des dixaines au même rang que le chiffre 1; enfin, passant au dernier produit, 4 fois 5, j'écris 20, de façon que le chiffre 2 se trouve au rang des mille. Faisant la somme de ces produits partiels, j'obtiens 2,372 comme précédemment, mais avec beaucoup plus de frais d'écriture, attendu que je n'ai opéré de tête aucune réduction.

105. Avec ces élémens et son abaque bien présent à l'esprit, on est à même d'effectuer tous les autres cas qui peuvent se présenter dans la multiplication. Nous allons les parcourir; mais auparavant de s'en occuper, les élèves feront bien de s'enhardir sur les six exemples suivans :

1er 35,821,342 × 5 = 179,106,710.
2e 39,587,468 × 6 = 237,524,808.
3e 987,656,313 × 7 = 6,913,594,191.
4e 689,759,875 × 8 = 5,518,079,000.
5e 815,976,595 × 9 = 7,343,789,322.
6e 925,864,537 × 9 = 8,332,780,833.

106. 2e *Modification. Lorsqu'il y a des zéros entre les chiffres significatifs du multiplicande, comme la multiplication de ces zéros ne donne rien, on n'a à écrire au produit que la retenue fournie par le produit partiel précédent. S'il n'y avait point de retenue, il faudrait écrire au produit autant de zéros qu'il y en aurait au multiplicande.*

Supposons à multiplier les nombres ci-contre; on trouve pour premier produit partiel le nombre 32 qu'on écrit au-dessous, parce que le chiffre suivant à multiplier étant un 0, il n'y

$$\begin{array}{r} 600{,}504 \\ 8 \\ \hline 48{,}040{,}32 \end{array}$$

aura à écrire pour ce produit partiel que la retenue des 3 dixaines ; par la même raison, on écrit 40 pour le troisième produit partiel, et comme le produit du troisième o par 8 est zéro, on écrit un zéro à gauche du 4 pour en tenir lieu ; enfin, le dernier produit partiel s'écrit au-dessous de 6 en avançant d'un rang les 4 millions qu'il contient.

107. Voici trois autres exemples du même genre.

1er 50,000,106 × 7 = 350,000,742.
2e 7,002,004 × 9 = 63,018,036.
3e 840,005,036 × 9 = 7,560,045,324.

3e *Modification. Si le multiplicande est terminé par des zéros, on fait la multiplication sans faire attention aux zéros ; mais on les écrit à la suite du produit total.*

La raison en est que, selon ce que nous avons dit dans la numération, le produit est dix fois trop petit s'il y a un zéro de négligé, cent fois trop petit s'il y a eu deux zéros négligés ; mille fois, s'il y en a eu trois..... Il est donc nécessaire de restaurer le produit ou de le ramener à sa véritable valeur, ce que l'on fait en écrivant simplement à sa droite les zéros qui se trouvent à la suite du multiplicande.

108. Les trois exemples suivans n'ont besoin d'aucune explication.

1er 690,070 × 8 = 69,007 × 8 × 10 = 5,520,560.
2e 706,800 × 9 = 7,068 × 9 × 100 = 6,355,200.
3e 508,006,000 × 7 × 1,000 = 3,556,042,000.

109. 4e *Modification. Si le multiplicateur avait aussi plusieurs chiffres, en sorte qu'on aurait à multiplier un nombre polychiffre par un nombre polychiffre, on écrirait comme de coutume le multiplicateur au-dessous du multiplicande, avec l'attention de placer les unités de même ordre dans un même rang. Après avoir souligné les deux nombres, afin de les séparer du résultat, on multiplierait successivement tous les chiffres du multiplicande par chaque chiffre du multiplicateur, ainsi qu'il a été pratiqué dans les exemples précédens, toujours en mettant les unités de même ordre dans un même rang, ce qui revient ici à avancer d'un rang vers la gauche le premier chiffre de chacun des produits du multiplicande par chaque chiffre du multiplicateur; enfin, après avoir souligné tous les produits particuliers, on ferait la somme des produits, laquelle serait le produit total.*

Expliquons cette règle par l'exemple ci-dessous.

Multiplicande. . .	368,754
Multiplicateur. . .	578
1er Produit particulier, ou multiplication du multiplicat. par les unités 8.	2,950,032
2e Produit particulier du multiplicateur par les dixaines 7 ou 70. . . .	25,812,78.
3e Produit de 378,754 par 5 cent.	184,377,0..
Somme des produits partiels ou produit total.	213,139,812.

On procède d'abord à la multiplication du multipose de décomposer un nombre *connu* en deux autres, dont l'un est *donné*, et l'autre est à *trouver*.

77. Ce nombre à *trouver*, et qui est le *résultat* du calcul, se nomme *reste*, *excès* ou *différence*, selon la manière d'envisager l'opération. *Reste* se dit plus particulièrement lorsqu'on cherche à savoir ce que devient un nombre après avoir *ôté*, *retranché* ou *soustrait* de ce nombre un plus petit, ou un certain nombre d'unités. Si au contraire on veut connaître de combien d'unités un nombre plus *grand* surpasse un plus petit, ou quel nombre il faudrait ajouter à celui-ci pour qu'il atteignît ou formât celui-là, le résultat ou le nombre qu'il faut ajouter s'appelle *excès*. Enfin le résultat prend le nom de *différence*, lorsqu'on fait l'opération pour découvrir la distance de deux nombres quelconques, c'est-à-dire le nombre d'unités ou de degrés que comprend l'intervalle de l'un à l'autre, ou de combien ils *diffèrent* l'un de l'autre; bien entendu que dans tout ceci les nombres dont il est question sont de même espèce.

Au reste, il ne faut pas croire que ces distinctions ont l'importance que les théoriciens leur accordent, car, dans la réalité, elles sont beaucoup plus dogmatiques que pratiques, et bien éloignées de comprendre tous les cas. En effet, si on demande, par exemple, quelle est la hauteur actuelle d'une échelle qui avait 15 coudées, mais qu'il a fallu recouper de 7 coudées, la réponse est tout simplement 8 coudées; car je ne demande ici ni le reste, ni l'excès, ni la différence, mais seulement la hauteur actuelle de l'échelle, sans aucun mélange des idées de reste, d'excès ou de différence. De même, si on vous disait que les fils employés à faire une corde avaient 25 empans, et que néanmoins la corde n'a que 19 empans de longueur, et qu'on vous demandât de combien les fils se sont raccourcis par la torsion, la réponse serait qu'ils se sont raccourcis de 6 empans; de sorte qu'évidemment il n'est point non plus question ici de *reste*, *d'excès*, ni de *différence*, etc.

78. Je n'insiste pas davantage sur ce sujet, attendu que la théorie de la soustraction me paraissant une des plus défectueuses de la théorie des nombres, je tenterai dans mon grand traité d'arithmétique des améliorations. Au surplus, les diverses formes sous lesquelles se présente le plus communément cette opération revient aux questions suivantes :

On a ôté ou soustrait 9 écus de 15 écus que j'avais placés là. Combien *en* reste-t-il?

Réponse : 6. (On remarquera combien cette tournure employée par beaucoup d'auteurs est vicieuse.)

La chambre a réduit à 38 articles les 53 articles que contenait la loi sur le recrutement. Combien a-t-elle retranché d'articles?

Réponse : ellea retranché 15 articles.

Un père a 67 ans, et son fils 36. Quel est l'excès de l'âge de ce père sur l'âge de son fils?

Réponse: 31 ans.

On a soutiré, ou soustrait 165 bouteilles d'un tonneau de vin qui contenait 289 bouteilles. Combien reste-t-il de bouteilles dans le tonneau?

Réponse : 124 bouteilles.

On peut encore dire très-bien. Combien reste-t-il de 17, lorsqu'on *en* retranche 12? De combien 17 excède 12, ou quelle est la différence de 12 à 17?

Ou encore, calculer l'infériorité, la supériorité, ou l'intervalle de 12 à 17, etc.

Dans un instant, nous dirons comment se font ces soustractions.

79. Nous savons maintenant par la manière dont nous avons traité la numération et l'addition, que la théorie d'une opération se réduit à trouver des moyens simples pour effectuer cette opération, et

de mettre en évidence la certitude de ces moyens par des raisonnemens clairs et capables de convaincre l'esprit de toutes les particularités de détails qui ont concouru à la formation du résultat. Il est donc ici question d'établir des préceptes pour effectuer la soustraction, ou trouver le reste, l'excès ou la différence de deux nombres; enfin, de constater la légitimité de ces préceptes par des explications si manifestes qu'elles ne puissent échapper à personne.

L'enfant, avons-nous dit, compte d'abord sur ses doigts, et c'est en réfléchissant sur ce procédé qu'il parvient à concevoir que $7 + 5 = 12$, et arrive, à force de répéter cette opération, à la voir aussi clairement que 1 et 1 font 2, ou que 2 et 2 font 4. Tel est l'effet de l'exercice, que par son moyen nous parvenons à concevoir et à faire facilement, promptement et sûrement, une chose que nous ne pouvions d'abord faire qu'avec les plus grands efforts et lenteur. C'est par l'exercice que nous nous familiarisons avec les choses les plus difficiles, et que nous arriverons insensiblement à nous expliquer et à effectuer les opérations les plus compliquées de l'arithmétique.

Dans ce moment, il est question de nous pénétrer que $12 - 7 = 5$ (12 moins 7 égale 5), et de voir cette opération aussi clairement que $2 - 1 = 1$. En partant de l'idée que $7 + 5 = 12$, qui nous est familière, ou que 12 est composé des deux parties 7 et 5, le moindre retour d'esprit sur les notions précédentes ne me semble devoir laisser aucun doute sur cette vérité, que je regarde dès lors comme établie.

L'enfant comprend d'abord qu'ayant deux pommes, il ne lui en reste que une, après en avoir donné une; comme il conçoit plus tard, qu'ayant 12 œufs, il ne lui en reste que 5, après en avoir perdu 7 au jeu avec ses camarades.

C'est ainsi que nous acquérons, dès l'âge le plus

tendre, une foule d'idées dont la nature fait seule tous les frais, et qui s'insinuent en quelque sorte à notre insu dans notre esprit. Ces premières notions, toutes faibles qu'elles soient d'abord, sont néanmoins le germe de tous les développemens que peuvent acquérir nos facultés, et s'accroissent rapidement lorsque nous apportons une attention soutenue à les multiplier, et que des réflexions méthodiques viennent ensuite les élaborer.

80. *Soustraction élémentaire.* De même que nous avons appris les sommes que peuvent donner les nombres simples combinés deux à deux, nous avons besoin de connaître les différences de ces mêmes nombres, et la même table que nous avons donnée au commencement de l'addition peut aussi nous familiariser avec les résultats de ces petites soustractions. Supposez qu'on veuille connaître la différence de 3 à 9, ou retrancher 3 de 9, on cherchera 3 dans la première ligne horizontale AB, et on descendra dans la colonne qui correspond à 3 jusqu'à la case qui contient 9 : la différence, qui est ici 6, se trouvera dans la première colonne AC, vis-à-vis 9. De même, si on voulait avoir le reste de 15, diminué de 8, ou l'intervalle de 8 à 15, ou etc., on chercherait 8 dans la première bande horizontale AC comme précédemment; on descendrait ensuite jusqu'à 15 dans la colonne qui correspond à 8, et le nombre 7 qui se trouve dans la septième case en descendant dans la première colonne AC, serait la différence cherchée.

D'après ces détails, on voit que la première

colonne AC contient les différences qui peuvent exister entre les nombres 1, 2, 3, 4...9, qui se trouvent dans la première bande horizontale AB, qu'on doit regarder comme les nombres à *soustraire*, ou à retrancher, et les nombres qui remplissent les cases du tableau, qu'on doit considérer comme les nombres dont il faut la *soustraction* et qui s'étendent de 2 à 18.

DEUXIÈME LEÇON.

81. *Soustraction des nombres polychiffres ou composés de plusieurs chiffres.* Toutes simples et toutes limitées que sont ces soustractions, elles sont néanmoins le principe de toutes les autres, parce qu'ici, comme dans toutes les autres opérations qui nous restent à parcourir, on a procédé comme dans la numération et l'addition, c'est-à-dire qu'on a passé du simple au composé, en partageant en plusieurs opérations partielles les opérations trop compliquées pour que l'esprit puisse les effectuer d'un seul coup. Ainsi, ne pouvant saisir au premier aperçu la différence des deux nombres 978 et 435, comme nous disons, par exemple, de 5, ôtez 3, reste 2, nous cherchons la différence entre les parties semblables dont ils sont formés, et nous trouvons d'abord qu'entre les unités du premier et celle du second, il y a 3 de différence, ou $8 - 5 = 3$; puis, que les dixaines $7 - 3 = 4$, et les centaines

$9-4=5$, et qu'ainsi le nombre 978 excède 435 de 5 centaines 4 dixaines et 3 unités, ou de 543.

82. Pour opérer ces soustractions partielles le plus commodément possible, on a, comme dans l'addition, imaginé *d'écrire les nombres l'un sous l'autre : c'est ordinairement le plus grand qu'on place au-dessus et le plus petit au-dessous, avec l'attention de mettre les unités de même nom dans une même colonne, ou les unités dans une première colonne, les dixaines dans une seconde, les centaines dans une troisième, etc., après quoi on procède aux détails de l'opération, en retranchant chaque chiffre du nombre inférieur de celui qui lui correspond dans le nombre supérieur, écrivant au-dessous et sur une même ligne horizontale les chiffres obtenus pour restes successifs, lesquels forment l'expression du reste total ou de la différence cherchée.*

Cela est évident, car, par la nature de l'opération, on a l'excès des unités simples du nombre supérieur sur les unités simples du nombre inférieur, l'excès des dixaines du premier sur les dixaines du second, celui des centaines, etc.; et de plus, les chiffres qui expriment tous ces excès se trouvant placés sur une même ligne horizontale, chacun dans la colonne des chiffres de la soustraction partielle qui l'a fournie, constituent une série de chiffres qui renferme dans l'ordre numéral l'excès de chacune des parties du nombre supérieur sur chacune des parties correspondantes du nombre inférieur.

Pour explication de ce précepte, nous proposerons de retrancher, ou soustraire, 50,431, de 86,452. Après avoir disposé les nombres comme ils le sont ci-contre, c'est-à-dire avoir écrit le plus petit conformément aux conditions prescrites sous le plus grand, et l'avoir souligné pour le séparer du résultat, on retranchera successivement les unités, les dixaines, les centaines... du nombre inférieur, des unités, dixaines, centaines..... du nombre supérieur, en disant : 1 ôté de 2, reste 1 ; 3 ôté de 5, reste 2 ; 4 ôté de 4, reste 0 ou rien ; 0 ôté de 6, reste 6 ; et enfin 5 ôté de 8, reste 3. Ces cinq restes, écrits sur une même ligne chacun au-dessous du rang qui l'a produit, ainsi qu'ils le sont, donnent 36,021 pour la *différence* des deux nombres 86,452 et 50,431, ou pour l'*excès* du plus grand de ces nombres sur le plus petit, ou encore pour le *reste* du plus grand quand on en a ôté le plus petit.

	86,452.
	50,431.
Différence :	36,021.

83. Autres exemples à effectuer :

	1re	2e
	857,624.	98,473,152.
	432,513.	3,252,040.
Reste :		

3e

9,781,904,300,521,673.
3,581,601,200,400,152.

Reste :

84. 1re *Modification.* S'il arrivait qu'un chiffre inférieur fût plus grand que son correspondant dans le nombre supérieur, comme alors on ne pourrait effectuer cette soustraction partielle, *on augmenterait celui-ci d'une dixaine que l'on emprunterait sur le premier chiffre à gauche, que l'on considérerait ensuite comme diminué d'une unité.* Le reste de l'opération se ferait d'ailleurs comme le prescrit la règle établie.

Si par exemple on avait à retrancher 273 de 456, après avoir rempli les conditions graphiques exigées, c'est-à-dire avoir écrit le plus grand des nombres et avoir placé le plus petit au-dessous..., puis avoir souligné celui-ci, afin de le séparer du résultat, on procéderait à la soustraction en disant : 3 ôté de 6, reste 2; mais passant à la deuxième colonne, comme 7 est plus grand que 5, on ne pourrait employer la formule et dire 7 ôté de 5. Alors, pour rendre possible cette soustraction partielle, on augmenterait 5 de 10, ce qui donnerait le nombre 15, duquel on pourrait toujours retrancher 7 ou le chiffre inférieur quel qu'il soit, en disant selon la formule, 7 ôté de 15, reste 8, que l'on écrirait

456.
273.

Reste : 183.

au-dessous et à la place des dixaines; enfin, arrivé aux centaines, on aurait à retrancher 2, non pas de 4, mais de 3 seulement, d'après l'*emprunt* qui a été fait.

Pour rendre compte des 10 unités dont le chiffre 5 a été augmenté, et de l'unité dont le chiffre 4 a été diminué, il faut observer que ces 10 unités sont des dixaines qui valent précisément la centaine enlevée au chiffre 4, et qu'ainsi l'emprunt n'a été qu'une transformation qui a eu l'avantage de rendre possible une soustraction partielle qui ne l'était pas, en conservant l'expression primitive du nombre, sans d'ailleurs changer aucunement la valeur totale de ce nombre.

J'ai dit que cette mutation des unités d'un rang à celles d'un autre rend toujours possible les soustractions partielles, qui ne le sont pas naturellement, tout en conservant au nombre sa forme ordinaire; et, en effet, il est clair qu'on ne peut jamais avoir à retrancher un nombre plus grand que 9. Or, même lorsque le chiffre supérieur serait 1 ou 0, ce chiffre augmenté de 10 sera toujours plus grand que 9, et rendra la soustraction toujours possible.

85. On concevra parfaitement ces réflexions, si on retourne un instant à ce que nous avons dit dans l'addition, en partant de la somme écrite au-dessous des nombres à ajouter. Ainsi que nous l'avons observé, cette somme n'est pas celle qui a été fournie par l'addition de chaque colonne, mais une réduction de ces sommes primitives faite dans l'intention de rendre la somme totale plus facile à énoncer; et

par cela même qu'elle a été rendue plus régulière, elle ne présente plus les sommes partielles de chaque colonne ; de sorte que, comme dans la soustraction, lorsqu'on a besoin de connaître ces sommes partielles, on se trouve obligé d'opérer une nouvelle mutation pour les reproduire ; mais expliquons-nous sur un exemple, afin de ne rien laisser d'obscur sur ce sujet dans l'esprit des commençans.

Supposons qu'on ait à faire la somme des deux nombres 54,672 et 28,784, après les avoir disposés ainsi qu'il a été dit, et en écrivant au-dessous de chaque colonne la somme partielle, telle qu'on la trouve, on aurait 7 dixaine de mille, + 12 milles, + 13 centaines, + 15 dixaines, + 6 unités ; mais ces nombres ou sommes partielles, qui expriment toutes les unités comprises dans les deux nombres à réunir, ne sont ni l'expression la plus simple ni la plus commode qu'admette la somme des deux nombres proposés ; il est nécessaire pour énoncer cette somme conformément aux principes de la numération, de lui faire subir une transformation au moyen de laquelle chaque collection d'unité soit exprimée par un seul chiffre, et dans ce cas on a 83,456.

```
5  4  6  7  2.
2  8  7  8  4.
--------------
7.12,13,15,6.
```

Si maintenant on voulait de ce nombre 83,456 retrancher 28,784, on éprouverait le besoin de le remettre sous son expression primitive : 7 dixaines de mille, 12 milles, 13 centaines, 15 dixaines, et 6 unités ; car, après avoir retranché 4 de 6, on ne peut retrancher 8 de 5, qu'en augmentant 5 de 10, c'est-à-dire qu'en reformant la somme partielle 15 qu'a fournie la colonne des dixaines. On ne peut de même retrancher les centaines 7 de 28,784 des 4 centaines de 83,456, qu'en reformant la somme 13 obtenue par la troisième addition partielle, et ainsi de suite ; de sorte

```
7,12,13,15,6.
2  8  7  8  4.
--------------
5  4, 6  7  2.
```

que les transformations qu'exigent les soustractions partielles ne sont nécessitées que parce qu'on regarde le nombre dont on veut la soustraction, et qui est sous l'expression générale prescrite par la numération, comme la somme spéciale de deux nombres particuliers, dont l'un est le nombre à retrancher, et l'autre le résultat cherché.

On pourrait dire qu'au lieu d'augmenter 5 de 10 pour avoir 15, il suffirait de l'augmenter de 4 pour avoir 9, dont on pourrait retrancher 8; cela est vrai, mais cette manière de procéder amènerait une décomposition du nombre 83,456 beaucoup plus embarrassante que celle que nous avons effectuée, attendu, ainsi qu'on doit le sentir, qu'elle aurait moins d'analogie avec les principes de numération que nous avons établis. Les premiers arithméticiens eurent donc raison d'adopter l'emprunt par dixaine, qui est de toutes les transformations la plus naturelle que l'on puisse faire subir aux nombres de l'arithmétique dénaire.

86. Pour se familiariser avec ces réflexions, nous proposons aux jeunes gens d'effectuer les trois exemples suivans :

	1re		2e
	7,526,027.		138,540,063.
	3,657,418.		59,827,024.
Reste :		Reste ;	

3e

2,546,750,182,194,097,610:
849,630,007,101,688,405.

1,697,120,175,092,409,205.

Cet exercice leur apprendra que, pour rendre la soustraction possible, le premier nombre doit être transformé dans l'expression suivante : 6 millions, + 14 centaines de mille, + 11 dixaines de mille, + 15 milles, + 10 centaines, + 1 dixaine 17 unités, que le second doit être ramené à 12 dixaines de millions, 17 millions, 15 centaines de mille, 3 dixaines de mille, 10 mille, 0 centaine, 5 dixaines et 13 unités, etc.

87. 2e *Modification.* Si le chiffre sur lequel on doit faire l'emprunt se trouvait être un zéro, ou même qu'il y eût plusieurs zéros de suite, *on s'avancerait pour emprunter jusqu'au premier chiffre significatif à gauche, que l'on compterait dès lors pour un de moins; on regarderait les zéros intermédiaires, lorsqu'il s'en trouverait, comme autant de 9, et on augmenterait de 10 unités le chiffre à droite, pour lequel on aurait emprunté.*

Prenons pour exemple du premier cas le nombre 534,027, dont on veut la soustraction de 327,452.

	534,027.
	327,452.
Res.	206,575.

Après avoir effectué le dispositif de l'opération, et retranché 2 de 7, on arrive à la soustraction 2 — 5 qui est impossible : il faut donc recourir à l'emprunt; mais le premier chiffre à gauche étant un zéro qui ne peut supporter d'emprunt, on empruntera sur le deuxième chiffre 4 que l'on ne comptera plus que pour 3; on remplacera le zéro par un 9, et on augmentera 2 de 10 unités, ce qui donnera 12, nombre dont on soustraira 5 pour avoir le reste 7, qu'on écrira au-dessous;

enfin on continuera l'opération comme il est écrit.

La raison de cette manière d'opérer est facile à saisir, si on a bien compris ce que nous avons dit précédemment ; car l'unité que l'on emprunte au chiffre 4, équivalant à 10 unités de l'ordre immédiatement inférieur, représenté par le zéro, 9 de ces unités sont affectées pour le service de la soustraction partielle dont il est passible, et la dixième de ces unités, qui sont des centaines relativement au chiffre 2 pour lequel on emprunte, est réduite en 10 dixaines pour être ajoutée à celles qu'exprime le chiffre 2 : tels sont les motifs et le mécanisme des transformations prescrites dans le premier cas.

88. Pour le deuxième, supposons qu'on propose d'effectuer la soustraction indiquée ci-contre.

	7 5 14 9 9 9 10 10 9 10.
	7,6 5 0,0 0 0, 1 0 0.
	4,5 7 3 2 0 7 4 5 3.
Reste :	3,0 7 6,7 0 3, 6 4 7.

Il est clair qu'il y a ici deux emprunts à effectuer : le premier doit se faire sur le chiffre 1 pour le service des deux premiers zéros qui remplacent les unités et les dixaines qui manquent dans le nombre supérieur ; le second doit se pratiquer sur le chiffre 5 qui suit les zéros à gauche, et doit couvrir le déficit que ces zéros annoncent dans les mille, les dixaines de mille, les centaines de mille et les millions ; mais m'étant suffisamment expliqué dans les opérations précédentes, pour saisir le jeu et les détails de ces opérations partielles, je laisse aux élèves le soin de s'en rendre compte, et me borne à les prévenir que le nombre supérieur doit se transformer dans les parties suivantes : 75 centaines de millions, 14 dixaines de millions, 9 millions, 9 centaines de mille, 9 dixaines de mille, 10 mille, 10 centaines, 9 dixaines et 10 unités simples, ainsi que je l'ai marqué au-dessus.

89. Voici trois exemples du même genre :

1er

5,004,080,060,005,017,084.
2,415,497,364,527,897,657.

2,588,582,695,477,119,427 reste.

2e

81,000,005,008,000,000,040,542.
52,003,261,976,518,754,165,789.

Reste : 28,996,743,031,481,245,874,753.

3e

10,000,000,000,000,000,000,000,000.
7,975,321,090,060,548,002,147,209.

Reste : 2,024,678,909,939,451,997,852,791.

QUATRIÈME LEÇON.

Application de la Soustraction à diverses questions qui en dépendent.

90. Résoudre les questions suivantes :

I. L'égire ou l'ère des mahométans a commencé

l'an 622 de l'ère chrétienne. Quelle est l'année qui correspond à 1834?

Réponse : 1212.

II. La hauteur du Chimboraço, en Amérique, est de 3,221 toises; celle du Mont-Blanc, en Europe, est de 2,391 toises. De combien la première de ces montagnes excède la seconde?

Réponse :

III. Un père a 67 ans, le fils 32. Quel est l'excès de l'âge du père sur celui du fils?

Réponse : 35 ans.

IV. Un individu est né en 1767, marié en 1790, veuf en 1804, mort en 1815. A quel âge est-il mort, à quel âge s'est-il marié, a-t-il été veuf, et combien y a-t-il qu'il est mort?

Réponses :

V. L'étendue des vignes en 1788 était de 1,555,475 hectares; elle est aujourd'hui de 1,993,307 hectares. De combien est-elle augmentée?

Réponse :

VI. Selon Adamson, il y a dans les îles de la Madelaine des arbres appelés baobbadth, qui ont au moins 6,000 ans. De combien sont-ils antérieurs à la création, qui date de 5,686 ans? c'est le plus gros des végétaux, sa circonférence égale près de 100 pieds.

Réponse :

VII. Quelqu'un devait la somme de 54,301 fr., sur laquelle il a payé à-compte celle de 35,489 fr. De combien reste-t-il débiteur?

Réponse :

VIII. La surface du globe est de 26,040,000 lieues carrées; celle de la terre ferme est de 8,371,945 lieues carrées. Quelle est la surface de la partie recouverte par les eaux? Enfin, la partie qui peut être habitée par les hommes est de 5,216,547 lieues carrées? Quelle est la partie qui n'est pas habitable?

Réponses :

IX. En 1814, les conquêtes et les prises faites par l'Angleterre sur la France et ses alliés, pendant la révolution, s'élevaient à 2,544,000,000 francs. Les restitutions faites par le traité de Paris ont été de 1,993,654,802 fr. Combien ont-ils gardé pour eux?

Réponse :

X. Selon M. le baron Dupin, il y a en France 1,784,000 célibataire de 20 à 35 ans, dont 695,842 seulement sont propres aux fatigues de la guerre. Combien en reste-t-il d'impropre à ce service? Mais 425,300 sont en activité. Quel est le nombre de ceux qui restent disponibles?

Réponses :

XI. L'auteur de l'*Art du boulanger* évalue la consommation annuelle de Paris à 1,853 mille setiers de blé qui produisent 444,720,000 livres de pain; mais les chiens et les chats consomment 25,412 setiers qui produisent 6,098,880 livres. Combien reste-t-il pour la consommation des personnes?

Réponse :

XII. Les produits des mises à la loterie s'élèvent annuellement à la somme de 47,987,875 fr., et les lots gagnans payés aux joueurs sont de 37,631,966 fr. Quel est le profit qui reste au gouvernement, qui tient la banque de cette sorte de jeux.

Réponse :

Mais le bénéfice n'est réellement que de 6,160,584 francs, parce que les frais d'administration sont de 4,195,325 fr.

XIII. Les états de situation, présentés au Corps-Législatif en 1809, portaient l'étendue de la France continentale à 75,956,301 hectares, et sa population à 42,738,377 individus; mais, d'après les traités de Paris et de Vienne, elle ne se trouvait plus sous la restauration contenir que 53,764,639 hectares et 28,786,911 individus. Combien avait-elle perdu par ces traités?

Réponses : Elle a perdu 22,191,662 hectares et 13,950,466 individus.

XIV. Sur la fin de l'empire, on fabriquait, année moyenne, pour 55,205,469 francs de coton brut, qui était vendu 251,754,604 francs. Les Anglais nous vendaient à cette même époque pour 65,214,100 fr. de cotonnades qui leur avaient coûté 15,269.594 fr. Quelle était la valeur que notre industrie ajoutait aux cotons que nous avions achetés et fabriqués nous-mêmes, et combien aurions-nous gagnés, si nous avions acheté et fabriqué ceux que les Anglais nous vendaient?

Réponses : Notre industrie communiquait aux cotons une valeur de 196,549,135 fr., et en fabriquant nous-mêmes les cotonnades que les Anglais nous vendaient, nous aurions gagné 49,944,506 fr., qui auraient payé ou fait vivre près de 100,000 individus.

XV. D'après un mouvement de population publié sous l'empire, la France comptant alors 31,870,460 d'individus, il naissait annuellement 559,549 garçons, 537,608 filles, et le nombre des décès masculins était de 470,440, les décès féminins de 434,252. Quel était l'excès des naissances de chaque sexe sur celui des décès? l'excès des naissances masculines et celui des décès masculins sur les naissances et les décès féminins? enfin, de combien la population s'augmentait chaque année?

Réponses :

XVI. Les historiens ont coutume de partager l'histoire de France en six époques, ainsi qu'il suit: La première commence à Pharamond, en 420, et finit à Pepin-le-Bref, en 751, et comprend la première race, dite des Mérovingiens; la deuxième commence à Pepin, et finit à Hugues-Capet, en

987, et comprend la deuxième race, dite des Carlovingiens; la troisième, qui comprend la race des Capétiens, finit à Philippe VI, chef de la branche des Valois, en 1328, ou quatrième branche, qui règne jusqu'à Henri IV, en 1589, qui devient chef de la cinquième branche, dite des Bourbons, laquelle finit en 1792; enfin, la sixième comprend la révolution, qui s'étend de cette dernière époque jusqu'en 1834.

Réponses : La première époque a durée 555 ans ; la deuxième, 236 ; la troisième, 339, etc.

XVII. Les états de l'Europe moderne ont commencé, savoir : La monarchie française, en 420 ; celle d'Espagne, en 412 ; de Portugal, en 448 ; la Pologne, en 550, la Russie moscovite, en 862 ; la Suède, en 481 ; l'Angleterre, en 423 ; les papes, en 42 ; le Danemarck, en 1107 ; la Suisse, en 1313 ; on demande leur ordre d'ancienneté, et l'antériorité des uns sur les autres.

Réponses :

XVIII. Les hommes des temps modernes qui ont le plus influencé ou hâté l'état actuel de notre civilisation, sont :

1. Marc-Paul, Vénitien, qui rapporta la boussole de son voyage en Chine, vers 1260.

2. Le moine Roger Bacon, qui inventa la poudre à canon, et qui est mort en 1284, après avoir été dénoncé au pape et mis en prison comme sorcier. (Les Maures font les premiers usage de l'artillerie en 1342.)

3. Jean Guttemberg, orfèvre de Mayence, qui invente l'imprimerie à Strasbourg en 1440.

4. Christophe Colomb, qui découvre l'Amérique en 1492.

5. Luther, né en 1520, et qui prêche la réforme contre la cour de Rome et le pape.

6. Viète, qui invente l'algèbre, et meurt en 1603.

7. Le chancelier Bacon, qui publie son *Novum organum*, etc., et meurt en 1626.

8. Notre célèbre Descartes, qui applique l'algèbre à la géométrie, et meurt en 1650.

9. Newton, auteur des principes mathématiques de la philosophie naturelle, né en 1642, mort en 1727.

10. Le perruquier Arckwright, qui a fourni aux Anglais les moyens de préparer, filer, tisser, pour plus de 500 millions de coton chaque année, mort en 1792, laissant 12 millions de fortune, de garçon perruquier qu'il était.

Déterminer leur rang d'ancienneté, et l'antériorité des uns sur les autres.

Réponses :

CINQUIÈME LEÇON.

Preuves de l'Addition et de la Soustraction.

91. *Des circonstances qui amènent la nécessité de faire la preuve d'une opération; en quoi consiste cette nouvelle opération.* Quoique nos facultés soient bornées, nous avons vu cependant que par les seuls efforts de notre esprit, nous pouvons effectuer des opérations plus ou moins compliquées et uniquement par l'expérience que nous avons acquise des nombres. Il n'est pas rare de trouver des personnes qui, par ce moyen, peuvent dire sur-le-champ, par exemple, qu'ayant eu 8 œufs pour 7 sous, c'est à raison de 10 sous et demi la douzaine: ou qu'ayant payé 37 sous et demi un quarteron de pommes, c'est 2 pour 3 sous, ou 6 liards pièce..... Quand on calcule ainsi, sans le secours d'aucun moyen scientifique..... et sans employer ni craie ni chiffres, on dit qu'on *calcule de tête*, c'est-à-dire, à proprement parler, qu'on calcule avec des mots. Or, dans toutes les opérations de l'arithmétique, nous *faisons de tête* ou verbalement beaucoup de petites opérations partielles dont nous écrivons le

résultat seulement. Ainsi, dans le premier exemple de la première modification, concernant l'addition, nous avons dit 7 et 4 font 11 et 6 font 17 et 5 font 22, je pose 2 et retiens 2; de sorte que, de toutes ces opérations faites *de tête*, il ne se trouve *écrit* que le chiffre 2. De même, on ne trouve sous la seconde colonne que le chiffre 7, qui n'indique en aucune manière les opérations faites pour l'obtenir, et ainsi de suite. Il en est de même dans la soustraction; il y a une foule de petites opérations partielles dont le résultat ne conserve aucune trace.

Il y a de cette façon, dans toutes les opérations arithmétiques, deux sortes de calculs; les uns sont des calculs *de tête* qui ne sont point écrits; les autres, qui sont les résultats de ces premiers, sont écrits. Or, l'expérience apprend qu'on peut se tromper et qu'on se trompe même souvent, surtout lorsqu'on est encore peu familiarisé avec ce qu'on pourrait appeler les opérations *élémentaires*, que la mémoire doit en quelque sorte effectuer toute seule, et dans lesquelles elle peut errer, soit en disant 11 et 6 font 16 et 5 font 21, au lieu de 22; soit encore en écrivant par distraction un 1 pour un 2, etc.

Ainsi, quoique la règle conduise infailliblement au but, lorsqu'elle est observée ponctuellement, il y a plusieurs causes qui peuvent constituer le résultat dans une erreur plus ou moins grave; en sorte qu'il est toujours utile, principalement dans les calculs qui doivent servir de bases à des opérations d'une haute importance, de vérifier le résultat obtenu, et c'est en cela que consiste ce qu'on nomme faire la *preuve* d'une opération.

Je remarquerai en passant que c'est dans cette vérification que se trouve essentiellement la raison qui donne aux résultats de l'arithmétique tant de poids, et fait naître cette confiance que personne ne conteste et que ne peuvent commander les résultats des langues vulgaires.

Il y a plusieurs moyens de faire la preuve de

chaque opération. En général elle se fait par l'opération contraire, qui, en défaisant ce qu'on a fait, montre ou *prouve* que la chose a été bien faite. Ainsi, la preuve de l'addition se fait par la soustraction, et la soustraction se prouve par l'addition.

92. *Preuve de l'addition.* Les meilleurs livres d'arithmétique donnent la règle suivante pour faire la preuve de l'addition : 1° *recommencer l'opération par la gauche, en faisant de nouveau la somme de chaque colonne ;* 2° *retrancher la somme de la partie qui lui correspond dans cette somme totale ;* 3° *écrire le reste au-dessous, et le joindre par la pensée, comme dixaine, au chiffre qui vient à droite dans la somme totale ;* 4° *faire de même la somme de la seconde colonne, et retrancher cette somme du chiffre qui lui correspond ;.....* 5° *continuer l'opération sur le même pied, jusqu'à la dernière colonne à droite, dont la somme retranchée de la partie qui lui correspond dans le total doit donner zéro pour reste, si l'opération a été bien faite.*

Expliquons cette règle par un fait, et rapportons ici le premier exemple de la première modification.

657,425.
758,246.
491,854.
346,547.
2,254,072.
222,120.

Si nous faisons de nouveau la somme en commençant par la première colonne à gauche, nous trouverons pour cette colonne $6 + 7 + 4 + 3 = 20$, somme qui, selon la règle, retranchée de la partie qui lui correspond dans la somme totale, c'est-à-dire de 22, donnera 2 pour reste, que nous écrirons au-dessous, ainsi qu'il est dit, et que nous compterons comme deux dixaines ou 20. Joignant ce nombre *par la pensée* au chiffre 5 qui suit 22, lequel chiffre 5, regardé comme exprimant des unités, nous donnera le nombre 25 dont il faudra retrancher la somme de la deuxième colonne qui est 23, et nous écrirons le reste 2 de cette soustraction au-dessous du 5, et à droite du reste précédent. Continuant la vérification, nous aurons pour la troisième colonne la somme 22 à retrancher de 24, nombre formé du dernier reste et du 4 qui correspond dans le total à la troisième colonne. En procédant de même, la quatrième colonne donnera 1 pour reste; la cinquième 2, et enfin la dernière 0, ce qui prouvera que l'addition avait été bien faite.

93. Pour peu qu'on fasse attention au mécanisme de cette opération et à la règle qui le prescrit, on s'expliquera sans difficulté ce que nous avons passé sous silence; mais on concevra peut-être encore mieux l'esprit de ce genre de vérification, si dans l'addition on conserve la somme faite de chaque colonne, en évitant de réduire les sommes partielles pour avoir la somme totale en un seul nombre. Reprenons donc l'opération sous ce point de vue.

En procédant à la somme isolée de chaque colonne, nous obtenons les six nombres suivans : 20, 23, 22, 19, 15 et 22. Supposons qu'on ait fait l'addition en allant de *bas en haut* dans chaque colonne; si maintenant on recommence l'addition *par la gauche*, en procédant de *haut en bas*, les

6	5	7	4	2	5.
7	5	8	2	4	6.
4	9	1	8	5	4.
3	4	6	5	4	7.
20,	23,	22,	19,	15,	22.
14,	18,	15,	15,	13,	17.
6	5	7	4	2	5.

nouvelles sommes obtenues devront évidemment être égales aux premières, puisque nous avons vu que 6 + 7 + 4 + 3 = 3 + 4 + 7 + 6. Ainsi l'opération aura été bien faite, si en retranchant cet nouvelles sommes des premières on trouve partout zéro, ce qui a lieu.

On voit que la principale force de cette preuve repose sur ce que chaque colonne a été additionnée deux fois et dans deux sens différens; et comme il y a peu de probabilité qu'on se soit trompé deux fois de la même quantité, en suivant deux routes opposées, elle laisse peu de doute sur les résultats obtenus.

Mais on peut donner à ce genre de preuve un degré de certitude de plus, et en même temps la rendre plus facile. C'est en rejetant un des nombres à ajouter dans la deuxième addition, par exemple, de ne pas tenir compte du premier (657,425), en sorte qu'on n'aurait que les trois nombres inférieurs à réunir, lesquels donneraient les sommes partielles 14, 18, 15, 15, 13, 17. Il est clair que ces sommes écrites sous les premières et ensuite retranchées doivent donner pour reste le nombre 657,425, qui a été négligé dans la seconde addition, et c'est en effet ce que l'on trouve.

Au reste, dans le commerce et les bureaux des diverses administrations de comptabilité ou de finances, où l'on a souvent à additionner des colonnes de chiffres qui tiennent toute la hauteur d'une page, on emploie rarement ces sortes de vérifications qui sont plus théoriques que pratiques; l'on se contente de recommencer l'addition à diverses reprises. L'expérience a prouvé que, lorsque deux ou trois personnes habituées à faire ces sortes d'additions s'accordent sur le résultat, on peut le considérer comme exact. Le point capital est d'acquérir une grande facilité d'opérer, et je n'insiste pas davantage sur ce sujet.

94. *Preuve de la soustraction.* Le procédé que

nous avons donné pour effectuer la soustraction fournit un moyen simple de vérifier cette opération. En effet, *si on ajoute la différence au plus petit nombre, on conçoit qu'on l'augmente précisément de ce qui lui manque pour être égal au plus grand.*

Ainsi, l'on est assuré que la soustraction ci-contre est bien faite, puisque la différence 20,529 étant ajoutée au plus petit nombre, reproduit le plus grand 46,503.

$$\begin{array}{r} 46,503. \\ 25,974. \\ \hline 20,529. \\ \hline 46,503. \end{array}$$

95. La soustraction peut encore se vérifier par elle-même, car il est bien clair que, si de 46,503 on retranche la différence, le résultat doit être le plus petit nombre 25,974; au reste, cette opération est si simple que sa vérification n'est guère qu'une formalité arithmétique. En général, les gens de pratique vérifient rarement leurs opérations dans les formes prescrites par la science; toujours cette vérification se fait en revenant sur les calculs, et en les faisant une seconde ou une troisième fois; c'est ce qu'ils appellent *repasser* l'opération.

I. Quel est le nombre duquel ayant ôté 3,547, le reste est 2,658 ?

Réponse : Ce nombre est évidemment égal à la somme des deux nombres proposés qui, comme on voit ci-centre, est 6,205.

Opération.

3,547
2,658
6,205

II. A combien se monte la recette d'une perception composée de sept communes dont les contributions s'élèvent, pour la 1re, à 2,784 fr. ; la 2e, à 3,481 fr. ; la 3e, à 1,598 fr. ; la 4e, à 6,741 fr. ; la 5e, à 2,173 fr. ; la 6e, à 2,595, et la 7e, à 3,597 fr.

Réponse : 22,969 francs, ainsi qu'on le voit par l'opération qui est en regard.

1re	2,784 fr.
2e	3,481
3e	1,598
4e	6,741
5e	2,173
6e	2,595
7e	3,597
Somme. . . .	22,969.

III. Les historiens comptent 1,656 ans depuis la création du monde jusqu'au déluge ; 449 du déluge à la vocation d'Abraham ; 438 de cette époque à la sortie d'Egypte ; 479 de la sortie d'Egypte à la construction du temple de Salomon ; 424 de la construction à sa destruction ; 607 de la prise de Jérusalem à la naissance de Jésus-Christ, et de cette époque à nos jours, 1,835 ans. Quel est l'âge actuel du monde ?

Réponse, 5,888 ans ; mais ce résultat n'est pas invariable : les uns comptent plus, d'autres comptent moins.

1,656
449
438
479
424
607
1,835
5,888

IV. Selon les renseignemens que nous avons trouvés dans l'abbé Raynal et l'*Encyclopédie*, à l'époque de la révolution, Saint-Domingue fournissait annuellement en France 23,435,142 kilogr. de café; l'Arabie, 6,582,456 kil ; la Martinique, 4,879,469 kil.; la Guadeloupe, 3,156,425 kil.; les colonies hollandaises, 3,989,550 kil. Quelle est la somme totale de ces divers quantités ?

Réponse : 49,239,592 kilogr., qui étaient alors consommés annuellement ; on n'en consomme pas beaucoup plus aujourd'hui : cette quantité n'a presque pas varié depuis un siècle.

V. Dans un département où il y a cinq arrondissemens, le premier contient 165,895 arpens ou demi-hectares, 126 communes et 59,362 habitans ; le 2e, 171,706 arp., 126 comm. et 89,613 habit.; le 3e, 181,628 arp., 132 comm. et 50,244 habit.; le 4, 187,900 arp., 116 comm. et 52,124 habit.; le 5e, 259,210 arp., 209 comm. et 86,667 habit. Quelle est l'étendue, le nombre des communes et la population de ce département ?

Réponse : L'étendue est de 966,339 arpens; le nombre des communes est de 709, et celui des habitans de 337,915.

Ce même département contient 44,804 maisons et bâtimens de toute sorte ; 79,355 feux ou ménages, 80,143 familles qui donnent annuellement 2,546 mariages, 12,898 naissances, et 9,471 décès ; ce département est celui de la Meurthe.

VI. Les produits annuels de ce département sont en blé pour environ 14,211,427 fr; seigle, 791,509 fr; avoine, 3,414,902 fr.; orge, 1,590,653 fr.; chanvre et lin, 1,183,250 fr.; graines diverses, 1,825,577 fr.; prairies, 5,919,370 fr.; vignes, 10,157,160 fr.; forêts, 2,929,011 fr.; légumes, 3,093,564 fr.; animaux et leurs produits, 3,756,438 fr. Quel est le produit total du sol.

Réponse : 42,957,491 fr., somme à laquelle il faut ajouter environ 2 millions pour le produit des salines dites de l'Est.

VII. Sous la restauration, les contributions se sont élevées, savoir :

En 1814	à	774,923,924 fr.
1815		743,830,200.
1816		876,135,400.
1817		1,112,117,702.
1818		1,113,610,375.
1819		902,911,609.
1820		909,718,672.
1821		915,591,435.
1822		991,892,882.
1823		1,123,456,392.
1824		994,971,962.
1825		985,673,751.
1826		987,620,380.
1827		953,431,769.
1828		965,426,992.
1829		986,156,821.
TOTAL. . . .		15,337,470,266.

VIII. On fabrique annuellement en France environ 44,284,700 kil. de fers laminés, 48,212,700 kil. de fers de fenderies, 27,994,000 kilog. de gros fers, et 31,677,900 kilog. etc.; à combien s'élève la fabrication de ces diverses sortes de fers, qui sont consommés ainsi qu'il suit, savoir : 49,661,000 kilog. par les arts industriels, 28,000,000 kilog. par l'agriculture, 14,000,000 kilog. clouteries, 11,000,000 pour voitures publiques et roulage, 9,000,200 kilog. pour cerclages de cuves, barriques et vaisseaux vinaires, 11,040,000 kilog. pour constructions civiles, routes et ponts en fer, 4,000,000 pour ferrures de chevaux, 14,000,000 pour les arts délicats, serrureries fines et coutellerie, 5,662,500 kilog. en ferblanc, outils et ustensiles, 4,672,000 kilog. armées et marine, 500,000 kilog. exportés?

On conçoit qu'il y a à faire dans cette question deux totaux qui devront s'accorder à peu près.

Si on veut savoir à combien s'élève la consommation totale, il faudra réunir à ce résultat environ 12 millions de fonte carburée pour le moulage, et que nous tirons principalement de l'Angleterre, dont un million et demi est réexportée fabriquée; plus, 10 millions de kil. de fer en barres et 1 million et demi de faux, et autres instrumens aratoires qui nous arrivent principalement d'Allemagne.

IX. Pour donner une idée de la consommation des épices en France, et du tribut que nous payons aux Indes pour cet objet, voici un extrait d'un ouvrage authentique, d'après lequel il résulte que nous consommons, année moyenne, 1,350,691 kilog. de poivre, valant 4,435,678 fr.; 39,428 kil. de cannelle, valant 602,891 fr.; 31,025 kil. de gérofle, valant 669,780 fr.; 5,923 kil. de muscade, val. 145,056 fr.; 4,373 kil. de piment, valant 113,144 fr.; 890 kilogr. de poivre gérofle, valant 1,504 fr.; et 3,486 kil. d'épices diverses, valant 6,978 fr. Combien de kilogrammes en tout, et combien de francs?

Réponse : cette consom. = 1,475,187 kil., et coûte 5,975,031 f.

A cette consommation, on peut ajouter divers autres articles, tels que le sucre dont on consomme environ 153,652,340 kil., valant 157,237,643 fr.; 1,256,345 kil. d'indigo, valant 18,534,234 fr.; 2,537,456 kil. de coton, valant 10,235,647 fr.; environ 45,637 barrique de tafia, sirop, rum, etc., valant 4,857,315 fr.; et quelques autres articles encore valant de deux à trois millions.

En 1833, les colonies françaises seules ont fourni en France près de 80 millions de kil. de sucre, plus de 6 millions de kil. ont été fournis par les étrangers; le surplus a été fabriqué à l'intérieur par des jus de betteraves.

X. Il y a en France :

1°	8,024,987	cotes fonc. de	20f et au-dessous
2°	663,237	—	21 à 30 fr.
3°	642,345	—	31 à 50 fr.
4°	527,991	—	51 à 100 fr.
5°	335,505	—	101 à 300 fr.
6°	56,602	—	301 à 500 fr.
7°	32,579	—	501 à 1,000 fr.
8°	13,447	—	1,001 et plus.

TOTAL 10,296,693 cotes foncières ou propriétaires.

XI. La population de l'Europe, considérée sous

son point de vue ethnologique, comprend 55,195,600 Teutons ou Germains (Allemands), 60,586,400 descendans des Romains, 45,120,000 Slaves, 3,718,000 Calédoniens (Ecossais), 3,499,500 Tartares et Bulgares, 3,000,000 de Maggiards, 2,000,000 de Grecs, 1,179,500 Juifs, 1,760,000 Finois, 1,5000,000 Cimmériens, 612,000 Basques, 313,000 Egyptiens ou Bohémiens, 88,000 Maltais et autres peuplades peu considérables venant de l'Asie. Quelle est la population totale?

Sous le point de vue religieux, on trouve 98,229,500 chétiens catholiques, 41,898,500 chrétiens protestans, 31,636,000 chrétiens grecs, 3,600,000 mahométans, 1,179,500 juifs, 2,100 chamans, et quelques autres sectes peu répandues.

XII. L'étendue de la France en hectares ou doubles arpens est, dit-on,

1° Terres labourables.	22,818,000 hect.
2° Vignes.	1,977,000
3° Vergers.	359,000
4° Potagers.	328,000
5° Châtaigneries.	406,000
6° Cultures diverses.	979,000
7° Pâturages.	3,535,000
8° Prés.	3,488,000
9° Bois et taillis.	460,000
10° Etangs.	213,000
11° Marais.	186,000
12° Terres vagues, landes et bruyères.	3,481,000
13° Carrièr., mines et tourbièr.	53,000
14° Bâtimens et maisons de toutes sortes	213,000
15° Routes, rues, places publ., promenades, rivières, canaux, montag. stériles.	7,455,000
TOTAL GÉNÉRAL à faire.	

NOTA. Je donne ici quelques questions sous la forme de tableaux, afin d'initier peu à peu les jeunes gens à ce genre de confection, très en vogue aujourd'hui dans toutes les administrations.

XIII. Dans les dernières années de la restauration, les recettes de la France étaient ainsi qu'il suit; savoir :

1.	Droits d'enregistrement, de greffe, d'hypothèques, etc.	148,720,562f
2.	Droits de timbre.	27,773,017.
3.	Revenus et prix des domaines.	2,284,415.
4.	Coupes de bois et prod. accessoires.	23,747,962.
5.	Douanes et navigation, etc.	99,022,511.
6.	Droits de consommat. sur les sels.	52,762,758.
7.	Boissons et droits divers.	133,137,994.
8.	Tabacs.	66,143,041.
9.	Poudres à feu.	3,454,017.
10.	Postes.	26,487,041.
11.	Loteries.	12,754,967.
12.	Contributions directes.	300,468,865.
13.	Frais de perceptions.	12,817,864.
14.	Cent. facult. pour dép. departem.	32,641,940.
15.	Ressources locales et accidentelles.	942,739.
16.	Produit des jeux.	5,500,000.
17.	Salines et mines de sel de l'Est.	2,057,083.
18.	Recettes diverses.	3,837,824.
19.	Poids et mesures, vérification.	856,525.
20.	Amendes et confiscations.	4,102,370.
21.	Excéd. des exercices précédens.	3,545,169.
22.	Ressources extraordinaires.	»
	TOTAL. . .	

Pour faire cette addition, on pourra la couper en deux ou trois autres, et réunir ensuite les sommes partielles : il en est de même de toutes celles qui paraîtront trop longues. On fera bien de les transcrire sur une feuille à part pour les effectuer, ou bien on place un morceau de papier de manière qu'il y ait 5 ou 6 nombres au plus au-dessus dont on fait la somme; ensuite on place son papier 5 ou 6 nombres plus bas dont on fait encore la somme, et ainsi de suite; enfin, on réunit ces sommes partielles en une seule qui est le résultat cherché.

XIV. Les dépenses dans les dernières années de la restauration, non compris les paiemens aux étrangers, qui ont été de 818,831,412 fr., s'élevaient annuellement ainsi qu'il suit; savoir :

Dette perpétuelle.	1. Rentes 3 p. o/o.	28,815,345f
	2. — 4 1/2 p. o/o.	1,035,445.
	3. — 5. p. o/o.	165,418,699.
	4. Caisse d'amortissement.	40,000,000.
	5. Liste civ. et famille roy.	32,000,000.
Ministère de la justice.	6. Ordinaires.	16,416,039.
	7. Criminelles.	3,308,436.
Ministère des aff. étrangères	8. Dép. générales.	5,969,839.
	9. Agens politiques.	2,940,354.
	10. Agens consulairs.	1,768,713.
Ministère de l'intérieur.	11. Affair. ecclésiastiques.	31,960,399.
	12. Instruction publique.	5,784,986.
	13. Ponts-et-chaussées.	40,512,221.
	14. Administration.	22,315,009.
	15. Dépenses départemles.	47,860,559.
Ministère de la guerre.	16. Dépenses générales.	1,662,091.
	17. Etats-majors.	18,669,225.
	18. Solde et ent. des troup.	97,612,179.
	19. Subsist., chauff., etc.	27,597,810.
	20. Habillt, harnacht, etc.	12,600,290.
	21. Matériel et obj. divers.	35,332,638.
Ministère de la marine.	22. Solde à terre et administration.	11,295,636.
	23. — en mer, viv., etc.	19,068,073.
	24. Matériel et main-d'œuvre, etc.	35,939,091.
ministère des finances.	25. Dette viagère.	7,896,438.
	26. Pensions.	58,735,038.
	27. Intérêts des cautionns.	8,975,039.
	28. Frais de trésorerie.	11,287,670.
	29. Chambres.	2,800,000.
	30. Légion-d'Honneur.	3,612,051.
	31. Cour des comptes.	1,256,300.

A reporter. . .

ADDITION.

Report. . .

Suite du Ministère des finances.		
	32. Admin. des monnaies.	956,275.
	33. Dépenses cadastrales.	5,100,337.
	34. Administrat. général.	8,515,706.
	35. Objets divers.	1,520,029.
	36. Frais de perceptions.	120,098,555.
	37. Restitut. trop perçu.	32,624,393.
	38. Primes.	10,149,433.
	39. Objets divers.	2,913,287.

TOTAL . . . .

XV. Résumé de ce qu'a coûté la révolution française, dont l'objet était d'arriver à une administration plus économique.

1re Epoque. Déficit.	55,000,000f
2e Epoque. Assemblée nationale, du 1er mai au 1er octobre 1789.	19,000,000.
Biens du clergé vendus.	400,000,000.
Création d'assignats.	900,000,000.
Châteaux démolis, incend., etc.	1,000,000,000.
3e Epoque. Assemblée législatives du 1er oct. au 1er sept. 1792.	4,363,060.
Domaines nationaux vendus.	225,000,000.
Nouvelle création d'assignats.	1,650,000,000.
4e Epoque. Convention nationale, du 21 sept. 1792 au 28 oct. 1795.	30,523,248.
Proconsuls dans les départem.	28,088,900.
République, pertes diverses.	2,266,719.
Vente des biens du clergé et des émigrés.	2,000,000,000.
Assignats fabriq. sous la répub.	5,000,000,000.

TOTAL partiel à faire. . . .

Report. . .	
Emprunt sur les riches.	2,000,000,000f
Fabrication des assignats.	15,000,000
Imprimerie royale.	15,000,000.
5e Epoq. Directoire, du 28 oct. 1795 au 10 nov. 1799. Directeurs.	3,062,500.
Ameublemens et voitures, etc.	3,000,000.
Secrét. des citoyens directeurs.	6,368,749.
Conseil des anciens.	12,295,750.
Conseil des cinq-cents.	20,860,000.
Vente de biens nationaux.	70,000,000.
Emission de mandats.	2,400,000,000.
Pour frais de fabrication.	7,000,000.
6e Epoq. Consulat, du 30 nov. 1799 au 18 mai 1804. 1er consul.	2,000,000.
2e et 3e consuls, secrét. compris.	3,000,000.
30 conseillers.	2,000,000.
Sénat-conservateur.	77,000,000.
Corps-législatif.	16,000,000.
Tribunat.	9,000,000.
7e Epoque. Empire. Liste civile et domaine de la couronne.	420,000,000.
Famille Bonaparte.	120,000,000.
Impératrice Joséphine.	12,000,000.
Enlèvt d'or et d'arg. en 1814.	60,000,000.
Grands-offic. de l'empire, etc.	9,447,000,000.
8e Epoque. Restauration. Liste civile et famille royale.	522,210,000.
Paiemens aux étrangers, non compris l'occupation.	820,331,412.
Chambres.	41,610,420.
Indemnités aux émigrés.	1,000,000,000.
TOTAL GÉNÉRAL. . .	

On pourra partager cette question en autant d'additions partielles qu'il y a d'époques, et on vérifiera le total général en réunissant en une seule les sommes des additions partielles, on trouvera ainsi :

1	55,000,000 fr.
2	2,319,000,008
3	1,879,363,060
4	9,090,858,867
5	2,522,586,999
6	109,000,000
7	10,059,000,000
8	2,384,151,832
TOTAL des époques.	128,418,960,758 fr.

XVI. Pierre Giberne qui était un vieux caporal de la garde qui aimait à raconter ses prouesses militaires, me confia un jour un petit carnet qui contenait beaucoup de questions curieuses dont je donnerai plusieurs extraits ; en voici une qui se rapporte à l'addition : elle a pour objet les principaux lieux qu'il avait parcourus, il y en avait par mille et dixaine de mille. Je trouvai que dans la première campagne de Bonaparte, en Italie, il avait fait 1,735 lieues; dans la campagne d'Egypte, 2,530 l. ; dans la deuxième campagne d'Italie, 965 juqu'à Marengo; dans la campagne de Prusse, 1,640; dans celle de Wagram, 1,758; dans celle de Friedland, 1,950; dans celle d'Austerlitz, 1,539; dans celle de Russie, 2,875; et dans celle de France, 1,256 lieues. Combien de lieues en tout?

Réponse :

XVII. J'offre ici un tableau qui présente quatre additions à faire, et qui donne la situation statistique de l'Europe sur la fin de l'empire de Napoléon.

Les jeunes gens qui seraient embarrassés pour faire chacune de ces questions d'un seul coup, pourront les partager en trois ou quatre additions partielles, et réunir ensuite les totaux en une somme unique.

	ÉTENDUE.	POPULATIONS.	REVENUS.	ARMÉES.
	Kil. carré.	Individus.	Fr.	Hommes.
FRANCE.	535,738.	29,152,743.	798,104,537.	254,325.
ANGLETERRE.	251,707.	9,343,578.	904,525,147.	278,547.
RUSSIE d'Europe.	1,443,750.	34,569,387.	202,560,473.	543,265.
AUTRICHE.	267,429.	22,167,514.	145,237,620.	365,453.
PRUSSE.	188,888.	10,356,247.	143,625,237.	250,185.
ESPAGNE.	330,714.	11,250,783.	143,256,120.	282,193.
TURQUIE d'Europe.	682,560.	8,564,637.	168,256,413.	153,265.
HOLLANDE.	18,143.	1,881,881.	87,524,315.	36,250.
DANEMARCK.	334,466.	2,560,913.	36,156,238.	74,664.
SUÈDE.	501,906.	3,120,314.	36,250,312.	48,513.
PORTUGAL.	61,106.	2,588,470.	24,365,215.	24,560.
SUISSE.	63,397.	1,499,623.	48,105,213.	15,203.
ALLEMAGNE.	490,985.	25,854,320.	254,235,612.	156,231.
ITALIE.	308,337.	13,560,914.	120,215,617.	82,560.

On conçoit que le traité de 1815 a opéré quelques changemens dont je ne tiens pas compte ici, qui d'ailleurs n'influent pas ces résultats généraux.

Indépendamment des totaux, réponses à trouver, on pourra faire de ces tableaux le sujet d'une foule d'autres questions de statistique dont nous donnerons plus bas quelques exemples.

CHAPITRE III.

DE LA SOUSTRACTION.

PREMIÈRE LEÇON.

75. *Préliminaire.* Après avoir appris à composer les nombres par l'addition, il est naturel de s'occuper de leur décomposition : c'est l'ordre que nous avons suivi dans la numération, en partant d'abord de la formation des pluralités numériques ou des nombres, et ensuite de leur déformation ou dénumération. Cette marche n'est point arbitraire, mais une loi constante de la nature, et de laquelle résulte la succession des choses, en recomposant perpétuellement de nouveaux être avec les débris de ceux qui ont été détruits. *Chiffrer* et *déchiffrer*, voilà donc toute l'arithmétique et la science universelle du commerçant, du financier, du ministre, du législateur, et de tout homme qui possède deux sous dans ce bas monde; et puisque nous savons additionner des nombres, notre première occupation est d'apprendre à les désadditionner.

76. *Définitions.* Nous savons déjà que cette opération se nomme *soustraction,* et a pour objet, comme on dit dans le langage ordinaire, *d'ôter, retrancher,* ou *de soustraire* un nombre quelconque d'un nombre plus grand ou qui le *surpasse.* On peut dire aussi qu'elle se pro-

cande 368,754 par 8, ce qui se fait rigoureusement comme il a été prescrit, c'est-à-dire qu'on multiplie les divers chiffres 4, 5, 7,.... par 8, et qu'on écrit sur une même ligne les divers produits partiels à mesure qu'on les trouve. On multiplie ensuite le même multiplicande 368,754 par 7, deuxième chiffre du multiplicateur, avec l'attention de placer le chiffre 8 qui résulte de 4 × 7 ou 28, au second rang, c'est-à-dire au rang des dixaines, puisqu'il exprime réellement des dixaines. On fait encore le produit de 368,754 par le troisième chiffre 5 du multiplicateur, lequel est 1,843,770, et comme c'est un produit de centaines, puisqu'on a multiplié par des centaines, on l'écrit de manière que le zéro ou le premier chiffre à droite se trouve au rang des centaines, ainsi qu'on le voit par les détails de l'opération qui nous sert d'exemple. Enfin, pour terminer l'opération, on fait la somme des trois produits particuliers, laquelle est le produit total.

Je n'ai pas besoin d'observer que les points qui sont à la suite du second et du troisième produit particulier remplissent les places qui se trouveraient vacantes par l'avancement à gauche des deux produits partiels, le premier d'une place et le second de deux, qu'ils ont subi.

110. Pour acquérir l'habitude d'opérer promptement et sûrement, il est utile que les jeunes gens s'exercent sur beaucoup d'exemples; c'est dans cette intention que je leur offre les suivans :

1er 5,786,478 × 8,756 = 50,666,401,368.
2e 35,768,794 × 49,578 = 1,773,345,268,932.
3e 67,468,592 × 247,654 = 16,708,866,683,168.
4e 96,587,315 × 628,459 = 60,701,167,397,585.

TROISIÈME LEÇON.

111. 5e *Modification. Lorsqu'il y a des zéros entre les chiffres significatifs du multiplicateur,*

comme la multiplication par ces zéros ne produit rien, on passe de suite au premier chiffre significatif suivant, et on met les chiffres à droite du produit particulier, dans le rang du chiffre par lequel on multiplie.

112. Voici un exemple qui met clairement ce mécanisme sous les yeux.

	540,607
	308,005
Produit par 5 unités écrit comme d'ordinaire.	2,703,035
Produit par 8 mille, dont le premier chiffre à droite est placé au rang des mille.	4,324,856,...
Produit par 3 centaines de mille, dont le premier chiffre à droite est placé au rang des centaines de mille.	162,182,1.. ...
Produit total. . .	166,509,659,035

Cette règle n'a besoin d'aucune explication, il suffira de la vérifier sur les exemples suivans :

1er 906,080,009 × 70,009,408 = 63,434,125,030,724,671.
2e 809,070,905 × 504,308,209 = 408,021,099,054,559,145.
3e 754,000,008 × 600,004,007 = 452,403,026,078,032,056.

113. 6e *Modification. Si le multiplicateur était terminé par des zéros, on ferait la multiplication sans faire attention aux zéros, c'est-à-dire qu'on multiplierait le multiplicande par les chiffres significatifs du multiplicateur; et après la multiplication on placerait à la suite du produit autant de zéros qu'il y en avait à la suite du multiplicateur.*

Cette règle n'est évidemment qu'une conséquence immédiate de ce que nous avons dit dans la numération; car si par exemple on avait 345 à multiplier par 10, c'est prendre dix fois ce nombre ou le *rendre* 10 *fois* plus grand, ce qui revient à écrire un zéro à sa droite; car ici le chiffre significatif 1 du multiplicateur ne fait qu'indiquer qu'il faut prendre une fois 345, et tout l'effet de la multiplication porte sur le zéro, qu'on écrit à droite du produit.

114. Il suit de là une seconde règle, c'est que *pour multiplier un nombre par l'unité suivie d'un certain nombre de zéros, il suffit d'écrire les zéros à la droite du nombre proposé.* Si on devait multiplier 345 par 100, on mettrait tout simplement deux zéros à sa droite, et l'on aurait 34,500 pour produit ; le produit de ce même nombre par 1,000 serait 345,000 , etc.

115. Il importe de remarquer que l'effet de la multiplication par 10, par 100, par 1,000..... ne change point les chiffres à multiplier, mais les rend 10 fois, 100 fois, 1,000 fois,.... plus puissans, c'est-à-dire les change dans des unités 10 fois, 100 fois, 1,000 fois... plus grandes.

Tout cela se comprend très-bien, et on n'est pas plus embarrassé pour les conséquences qui en découlent, lorsqu'on doit multiplier par 20, par 200, par 2,000..... ou par 30, par 300, par 3,000....

Si par exemple il fallait multiplier 345 par 5,000, il suffirait de quintupler ses chiffres ou de les multiplier par 5, ce qui donnerait 1,725, nombre qui deviendrait le produit cherché, en ajoutant trois zéros à sa droite, de cette sorte : 1,725,000.

Nous verrons dans la suite plusieurs applications ingénieuses de ces réflexions.

116. 7ᵉ *Modification. S'il y avait plus de deux nombres ou facteurs à multiplier entre eux, on commencerait par multiplier les deux premiers l'un par l'autre, puis on multiplierait le produit par le troisième nombre ou facteur, puis encore ce dernier produit par le quatrième nombre, et ainsi de suite.*

Toutefois cette règle n'est pas tellement obligatoire qu'on ne puisse la modifier et suivre un ordre tout différent; par exemple : multiplier le dernier facteur par le pénultième, puis multiplier le produit obtenu par l'antépénultième facteur, etc... On pourrait aussi multiplier entre eux plusieurs facteurs, puis, avec d'autres facteurs, faire un second produit, et multiplier ces deux produits partiels entre eux pour obtenir le produit total. S'il y avait quatre facteurs, on pourrait avec les deux premiers faire un premier produit partiel, puis en faire un second avec les deux derniers facteurs, et multiplier ensuite les deux produits partiels entre eux : leur produit serait le produit total cherché.

Voici deux exemples sur lesquels on pourra s'exercer.

1er $85 \times 97 \times 104 \times 390 = 334,417,200.$
2e $54 \times 67 \times 89 \times 509 \times 945 \times 3,500 = 535,796,002,035,000.$

117. 8ᵉ *Modification.* Nous avons supposé

jusqu'à présent, comme il arrive assez ordinairement, *que le multiplicande renfermait plus de chiffres que le multiplicateur, mais on n'opèrerait pas moins d'après les règles établies précédemment, si le contraire avait lieu, c'est-à-dire s'il y avait plus de chiffres au multiplicateur qu'au multiplicande;* on pourrait d'ailleurs, dans beaucoup de cas, ainsi que nous le verrons plus bas, renverser l'ordre des facteurs et prendre pour multiplicande celui des deux qui renferme le plus de chiffres.

Exemples :

1er 8 × 547 = 4,376.
2e 5,040 × 7,805,400 = 39,339,216,000.
3e 70,050,800 × 80,546,507,000 = 564,234,725 = 25,556,000,000.

QUATRIÈME LEÇON.

Application de la Multiplication à diverses questions qui en dépendent.

118. A résoudre les questions suivantes :

I. Quelqu'un reçoit pour prix de sa journée ou d'une rente 3 fr. par jour. Combien reçoit-il dans un an de 365 jours ?

Réponse : Cette question, qui revient évidemment à une multiplication, puisqu'il est évident qu'il faut répéter 3 fr. ou le gain d'un jour autant de fois qu'il y a de jours dans l'année, c'est-à-dire 365 fois, se résout sur-le-champ par la multiplication ci-contre qui présente 13 chiffres à écrire.

```
   3 fr.
  365
 -----
   15
  18.
  9..
 -----
1,095
```

J'ai dit en son lieu qu'il n'y avait que deux opérations, et que la multiplication et la division n'étaient, l'une qu'une abréviation de l'addition, l'autre une abréviation de la soustraction. Cette question montre bien évidemment la première assertion; car, par l'addition, on serait conduit à écrire 365 fois le chiffre 3.

II. Un voyageur fait chaque jour 9 lieues et dépense 3 fr. Combien de lieues fera-t-il en 35 jours, et quelle sera sa dépense ?

Réponses : 9 lieues × 35 = lieues, et 3 fr. × 35 = fr.

III. Un ouvrier reçoit 21 fr. par semaine ; combien gagne-t-il pour 52 semaines ou une année de travail ?

Réponse : 21 fr. × 52 = fr.

IV. Quel est le nombre qui, divisé par 9,564, donnerait 8,357 pour quotient ?

Réponse : 9,564 × 8,357 = 79,926,348, lequel devrait être le dividende pour que, divisé par 9,564, le quotient soit 8,357.

V. Une étoffe coûte 25 fr. l'aune; combien doivent coûter 97 aunes ?

Réponse : 25 fr. × 97 = fr.

VI. Un particulier, dont le ménage est composé de 5 personnes, dépense pour lui 5 fr. par jour, sa femme 4, son fils 3, sa fille 2, et son domestique 1 fr. Quelle est la dépense annuelle ou de 365 jours ?

Réponse : (5 + 4 + 3 + 2 + 1) × 365 = 15 fr. × 365 =

VII. Une chose coûte 245 fr.; combien 497 choses ?

Réponse : 245 fr. × 497 =

VIII. Combien doivent peser 680 boulets de 24, c'est-à-dire dont chacun pèse 24 livres ?

Réponse : 24 boulets × 680 =

IX. Trouver la population d'un pays dont chaque lieue carrée contient 924 habitans, l'étendue étant de 34,600 lieues carrées; c'est la France en 1825.

Réponse : 924 habitans × 34,600 =

X. Un particulier qui a besoin d'argent demande à un capitaliste de lui prêter 75,600 fr. à 5 pour cent, c'est-à-dire qu'il offre de lui payer 5 fr. pour chaque 100 fr. prêtés pendant un an ; quel sera l'*intérêt* dû ?

Réponse : 5 fr. × 756 fr. =

XI. Une pièce de canon de 24 pèse 2,754 livres et coûte 9,650 fr. On demande ce qu'il faut de rosette (cuivre rouge), et ce qu'il en coûtera pour établir l'artillerie d'une armée de 130,000 hommes, à raison de 2 pièces pour 1,000 hommes.

Réponses : 1er 2,754 liv. × 260 =
2e 9,650 × 260 =

XII. On demande à combien se monte la dépense annuelle d'une armée de 130,000 hommes, si chaque homme dépense par année 345 fr.

Réponse : 345 fr. × 130,000 =

XIII. On sait par expérience que le son parcourt par seconde 173 toises ; combien de toises parcourt-il par heure.

Réponse : 173 × 60 × 60 =

XIV. La vitesse d'un boulet de canon étant de 600 toises par seconde, combien ce boulet parcourt-il de toises par minute et par heure ?

Réponses : 600 toises × 60 etc.

On voit par là que, la vitesse de la lumière pouvant être considérée comme instantanée, celui qui entend le bruit d'un coup de canon ou d'un coup de tonnerre, n'a plus rien à craindre du boulet ni de la foudre.

XV. On demande combien d'années comprend la période julienne proposée par Joseph Scaliger pour simplifier la chronologie, sachant que cette période est formée du produit du cycle lunaire qui est de 19 ans, du cycle solaire qui est de 28, et de l'indiction romaine qui est de 15 ans ?

Réponse : 19 × 28 × 15 =

XVI. Un régiment de cavalerie a acheté 756 chevaux de remonte du prix de 560 fr. chaque, et il a vendu 345 chevaux vieux pour le prix de 187 fr. pièce ; combien doit-il ajouter pour compléter la somme qu'il doit payer ?

Réponse : 560 fr. × 756 — 187 fr. × 345 =

XVII. Combien faut-il de chevaux pour un équipage de 36 pontons, composé de 40 haquets de chacun 8 chevaux, de 8 chariots de division de chacun 4 chevaux, de 4 naselles de chacune 8 chevaux, de 2 caissons de 4 chevaux, de 2 forges de chacune 2 chevaux, et de 44 chevaux de relais ?

Réponse : On trouvera 440 chevaux.

On appelle pontons des bateaux carrés longs avec lesquels on peut jeter en moins d'une heure un pont sur les plus larges rivières de l'Europe, et faciliter ainsi à une armée le moyen de poursuivre et de hâter sa marche.

XVIII. La France contient 53,533,426 hectares ou double arpent. Si on suppose que l'hectare vaut en moyenne 1,250 francs, combien vaut le sol entier de la France ?

Réponse : 1,250 fr. × 53,533,426 =

XIX. On porte à 12 millions la consommation annuelle et légale du tabac. Or, la conversion de 100 kil. de feuilles en poudre ou, etc., comprend 15 kilog. d'eau. Cela posé, combien les 12 millions de feuilles contiennent-elles de kilog. ou de litres d'eau ? En second lieu, en supposant le prix moyen du tabac à 6 fr. le kilog. ; pour combien le gouvernement vend-il annuellement d'eau à 6 fr le litre ?

Réponses : 1er 15 × 120,000 = 1,800,000 litres d'eau.
2e 6 × 1,800,000 = 10,800,000 fr.

XX. Quelqu'un voudrait se créer une rente perpétuelle de 1,500 fr. par an ; quel capital doit-il placer *au denier* 25, c'est-à-dire de manière que, pour chaque 25 fr. placés, ils reçoivent 1 franc de rente ?

Réponse : 25 × 1,500 = 37,500 fr.

XXI. En 1726 toutes les monnaies en circulation furent décriées, et il y eut une refonte générale dans laquelle on fabriqua pour environ 45 millions d'espèces par année; on demande à combien s'élevait cette fabrication en 1795 (an III), époque à laquelle furent décrétées les monnaies décimales, et où l'on commença une nouvelle refonte?

Réponse : 45,000,000 × 69 = 3,105,000,000 fr.

XXII. Raynal dit que l'Espagne tirait tous les ans du continent d'Amérique environ 89 millions en or et argent, et le Portugal 35, en tout 124 millions. On demande combien ces deux états ont versé d'or et d'argent en Europe, pendant près de 300 ans qu'a duré ce commerce?

Réponse : 124,000,000 × 300 = 37,200,000,000 fr.

XXIII. On évalue de 90 à 100,000 le nombre des nègres que les marchands d'hommes enlèvent en Afrique, pour les vendre dans les colonies européennes; en supposant ces malheureux au prix de 580 fr. auquel ils étaient il y a 50 ans, à combien se monte chaque année cet odieux trafic? aujourd'hui il est de 12 ou 1,500 fr.

Réponse : En supposant 95 mille nègres enlevés et vendus chaque année, on a 580 fr. × 95,000 = 55,100,000 fr.

XXIV. La première édition de l'*Encyclopédie* fut tirée au nombre de 4,250 exemplaires, qui furent vendus l'un dans l'autre 1,800 fr. Quel fut le produit de cette immense collection?

Réponse : 7,650,000 fr.

XXV. Combien s'est-il écoulé de jours depuis le commencement du monde pour lequel nous comptons suivant le texte hébreux 5,887 ans de 365 jours?

Réponse : 365 jours × 5,887 = 2,148,755 jours, c'est-à-dire que la terre a tourné sur elle-même 2,148,755 fois; mais non pas que le soleil se soit levé et couché autant de fois pour tous les peuples de la terre, puisqu'il y a des contrées où les jours sont d'une semaine, d'un mois ou même de six mois, c'est-à-dire que le soleil ne se couche pas pendant tout ce temps. Si on voulait avoir le nombre d'heures écoulées, il faudrait multiplier par 24, puis par 60 pour avoir le nombre des minutes, etc.

XXVI. Dans un pays comme la France, l'Allemagne, l'Angleterre, etc., sur un million d'habitans, il y en a de 0 an à 10 ans accomplis 257,430 environ; de 10 à 20 ans, 183,205; de 20 à 30 ans, 160,030; de 30 à 40 ans, 135,870; de 40 à 50, 107,835; de 50 à 60 ans, 81,050; de 60 à 70 ans, 49,995; de 70 à 80 ans, 20,260; de 80 à 90 ans, 3,905; de 90 à 100 ans, 417; et au-dessus de 100 ans, 3 ou 4. A combien se monte chacune de ces classes en France où l'on compte 32 millions d'habitans?

Réponses : 257,430 $\times$ 32 = 8,237,760, etc., etc.

XXVII. Les ordonnances des eaux et forêts réservent par arpent royal ou demi-hectare 25 baliveaux et 15 arbres, tant modernes qu'anciens et vieilles écorces, en tout 40 pieds d'arbres par arpent. Quelle doit être la réserve pour toutes les forêts de la France, dont le contenu est de 6,521,470 hectares ou 13,042,940 arpens?

Réponse : 40 $\times$ 13,042,940 = 521,717,600 d'arbres, dont la vingt-cinquième partie à peu près est abattue chaque année pour subvenir aux besoins de nos diverses constructions civiles, militaires et maritimes.

XXVIII. A l'époque de la révolution, il partait chaque année des ports de France pour la pêche de la morue, savoir : pour celle de la morue verte, c'est-à-dire qui n'est que salée, 125 navires du port de 75 tonneaux montés chacun par 15 hommes qui prenaient l'un dans l'autre 1,250 morues; pour celle de la morue sèche, 104 navires du port de 150 tonneaux ayant chacun 70 hommes d'équipage, dont la moitié, occupée à la pêche, prenait par homme, terme moyen, 6,500 morues. La pêche sédentaire ou celle faite par les insulaires des côtes, aidés par des pêcheurs arrivés sur 35 navires portant chacun 12 hommes, produisait 6,000,000 de morues sèches; enfin, environ 3,500 barriques d'huile provenant des débris de l'animal, principalement du foie, se vendait 120 fr. la barrique. La morue verte, au nombre de 190 queues au cent marchand, se vendait prix moyen 150 fr., et le quintal de morue sèche, contenant 125 queues, 18 fr. Quel était alors le produit de cette pêche ?

Réponse : 6,505,290 fr.

XXIX. Dans une manufacture de ferblanc des Vosges que j'ai visitée, on fabrique annuellement 1,250 barriques de fer étamé aux prix moyen de 100 fr. la barrique du poid de 75 kilog., et contenant 300' feuilles pour lesquelles on consomme 12,500 kilog. d'étain, à 240 fr. le quintal; 2,025 kilog. de suif, à 125 fr. les 100 kilog.; 162 quintaux de seigle à 13 fr. le quintal; 200 cordes montagnardes de bois de chacune environ 6 stères, et du prix de 10 fr.; 200 bannes de charbon résultant chacune de 2 cordes 1/2 de bois, et valant 25 fr. chaque. Enfin, l'usine occupe 1 commis, 1 maître étameur, 4 compagnons, 2 platineurs, 2 élargisseurs, 1 chauffeur, 1 goujat, 1 tempeur, 1 maréchal, et 6 autres ouvriers, en tout 20 ouvriers, l'un dans l'autre, à 500 fr. par an. Quels sont les dépenses, les produits et les bénéfices de cette usine ?

Réponse : On trouvera que les dépenses de matières et de main-d'œuvre sont de 93,500 fr., les produits de 135,000, et par conséquent les bénéfices de 41,500 fr. ; mais il faut encore distraire de cette somme les dépenses d'entretien et les intérêts du capital employé aux constructions primitive, charges que je supposerai devoir absorber 21,500 fr. Le bénéfice net, qui sera de 20,000 fr., comparé aux dépenses totales, qui s'élèveront alors à 115,000 fr. par an, se trouvera être encore de 16 à 17 p. 0/0.

XXX. Dans une exploitation agricole, on avait à payer annuellement 975 journées de travail d'hommes à 125 centimes chaque. Avec de nouveaux instrumens, on fait l'ouvrage dans 786 journées qui ne coûtent que 75 centimes ; quelle est l'économie ?

Réponse : On réduit les centimes en francs, en isolant deux chiffres,

CHAPITRE V.

DE LA DIVISION.

PREMIÈRE LEÇON.

119. *Préliminaire.* Nous avons vu que de quelque manière que l'on envisage la soustraction, soit qu'on la dérive immédiatement de la dénumération, soit qu'on l'examine dans sa propre nature, elle constitue une opération essentiellement opposée à l'addition, en ce qu'elle a pour objet de diminuer la quantité, tandis que celle-ci se propose de produire l'effet contraire. Les mêmes rapports d'opposition existent entre la multiplication et la division, celle-ci décompose toujours ce que celle-là est censée avoir composé; de sorte qu'en étudiant la première, nous avons réellement appris à faire la seconde, par la raison qu'en faisant une chose, on apprend en même temps à la défaire, et réciproquement.

C'est en effet la multiplication qui fournit sur la division les notions les plus exactes et les plus faciles à saisir. Les meilleurs arithméticiens sont tous partis de l'une pour établir les préceptes de l'autre. Retournons donc un instant à la multiplication, afin de l'envisager sous ce nouveau point de vue, et de faire ressortir plus nettement les particularités de cette comparaison. L'obligation sévère que nous nous sommes imposée de passer toujours du connu à l'inconnu, nous conduit à retourner ainsi parfois sur nos pas.

120. L'exemple que nous avons donné p. 98, paragraphe 96, pour expliquer la nature de la multiplication et nous montrer en quoi elle diffère de l'addition, va nous dévoiler aussi la nature de la division et l'objet essentiel de cette quatrième opération de l'arithmétique.

Dans cet exemple, le nombre 615, qui a été formé de 123 pris 5 fois, était la chose cherchée; sa formation était l'objet de l'opération; les nombres 123 et 5 étaient les élémens ou les données qui devaient concourir à cette formation : ils étaient les *facteurs* de ce nombre 615, mais chacun avec une fonction bien différente, qu'il ne me semble pas qu'on ait encore bien expliquée nulle part.

En effet, 123 seul devait entrer dans la composition de ce produit. Le nombre 5 n'était qu'un nombre nombrant qui numérait ou comptait combien de fois 123 devait être pris ou répété. 123 était en conséquence l'élément ou la matière du produit 615; 5 en était le faiseur ou le *facteur* proprement dit, et la dénomination de facteur qu'on donne aux deux nombres, conduit à une idée fausse de leurs fonctions, laquelle obscurcit à son tour les notions que la multiplication fournit à la division.

Je signale cette inexactitude, parce qu'on ne peut être trop attentif à établir entre les choses et les mots qui les expriment une convenance rigoureuse, puisque, comme le répète souvent Condillac, la plupart du temps celles-là ne paraissent obscures que par le défaut d'analogie qui existe entre elles et ceux-ci.

121. Nous conserverons néanmoins la dénomination de *facteur;* mais il est nécessaire, pour la parfaite intelligence des choses, de ne pas perdre de vue la distinction que nous venons d'établir.

Si maintenant nous regardons 615 comme formé de 123 *pris un certain nombre de fois*, il est clair que nous connaîtrons ce nombre de fois *en retranchant* 123 de 615 autant qu'il sera possible de le faire, ce qui s'opère par une suite de soustractions, ainsi qu'il est pratiqué ci-dessous.

1re Soustraction.	615 123	
2e Soustraction.	492 123	1er reste.
3e Soustraction.	369 123	2e reste.
4e Soustraction.	246 123	3e reste.
5e Soustraction.	123 123	4e reste.
	000	

Comme après la cinquième soustraction le nombre 615 se trouve épuisé, il faut en conclure qu'il contient 5 fois 123.

Mais on conçoit que cette opération, quoique simple et facile, deviendrait fastidieuse si le nombre 123 se trouvait contenu un très-grand nombre de fois dans 615; et les arithméticiens durent s'occuper de bonne heure de la recherche d'un moyen plus expéditif.

122. C'est précisément ce moyen qui a été appelé *division;* opération qui, généralisée depuis, a été vue sous une autre acception, mais qui, dans le principe, eut pour objet spécial de trouver combien de fois un nombre donné, tel que 123, est contenu dans un autre nombre aussi donné, tel que 615; c'est ce qu'atteste jusqu'à l'évidence le nom

de *quotient* donné au nombre qui marque combien il faut soustraire le plus petit nombre pour épuiser le plus grand, ou combien celui-ci contient celui-là.

123. Mais, comme je viens de le dire, il y a une autre manière d'envisager 615, relativement aux nombres plus petits dont il peut être composé. Ainsi, au lieu de considérer 615 comme formé de 123 pris un certain nombre de fois, on pourrait se proposer de partager ce nombre en un nombre donné de parties égales inconnues ou à trouver. Exemple : Un père peut se proposer de distribuer à ses cinq enfans une somme de 615 écus.

Il est clair que, dans ce cas, la part de chaque enfant doit être la *cinquième partie* de 615, et l'analogie nous conduit immédiatement non à une suite de soustractions, mais à prendre le *cinquième* de 615, c'est-à-dire à diviser, partager ou décomposer ce nombre 615 ou 600 + 10 + 5 en cinq parties égales ou en *cinquièmes*. Or, le cinquième de 600 ou de 500 + 100, est évidemment de 100 pour 500 et de 20 pour 100, d'où le cinquième de 600 = 120, puis le cinquième de 10 étant de 2 et celui de 5 étant 1, le cinquième de 615 est évidemment de 100 + 20 + 2 + 1 ou 123, ce qui peut s'obtenir aussi en disant : le cinquième de 600 ou de 6 centaines = 1 centaine pour 500, plus une centaine de reste, laquelle vaut dix dixaines qui, réunies à celle qui existe déjà dans 615, donne 11 dixaines, dont le cinquième est de 2 dixaines pour 10 avec une dixaine de reste. Enfin, joignant cette dixaine de reste aux 5 unités de 615, on obtient 15 unités dont le cinquième est de 3 unités; de sorte que le cinquième de 615 est de 100 + 20 + 3 ou 123, ce qui vérifie parfaitement tout ce que nous venons de dire (1).

(1) Les personnes ou les enfans qui ont compris ce qui précède, ne me semblent pas devoir éprouver de difficultés à saisir ces premières notions sur la division de la quantité. Dans le cas contraire,

124. Dans cette dernière manière de considérer la division, comme dans la première, le nombre 615 qui joue le même rôle, ou qui est le nombre sur lequel il faut opérer, se nomme *dividende ;* mais les nombre 123 et 5 reçoivent celui de *diviseur* ou de *quotient*, qu'ils échangent entre eux, selon les circonstances. Je m'explique ; dans le premier cas que nous venons de considérer, où la division revient à une soustraction réitérée, ou à une opération qui fait connaître *combien de fois un nombre en contient un autre*, par exemple, combien 615 contient 123, celui-ci, qui est évidemment un nombre de même nature que le dividende 615, se nomme *diviseur*, et le nombre 5, qui marque *le nombre de fois* et qui est alors un simple nombre *nombrant*, reçoit le nom de quotient, et ces deux dénominations conviennent parfaitement, ainsi que nous l'avons dit.

125. Mais, dans le deuxième cas, où il est question de *partager* 615 en un nombre donné de *parties égales*, 123, qui se trouve être une des parties à chercher et qui est encore évidemment de même nature que le dividende, prend néanmoins, par abus ou extension, le nom de quotient, quoiqu'il n'en fasse pas la fonction, puisqu'il n'indique pas le nombre de fois, et le nombre 5, par suite de cet abus, prend celui de diviseur, quoiqu'il ne soit comme précédemment qu'un nombre abstrait ou

---

la théorie des fractions complètera ce que ces explications peuvent laisser à désirer ; d'ailleurs on peut encore dire que 615 $= 500 + 100 + 15$. Or, par la raison que 1 est le cinquième de 5, 100 est le cinquième de 500, de même 20 est le cinquième de 100, et 3 le cinquième de 15. Une autre preuve que 123 est le cinquième de 615, c'est qu'on recompose ce nombre 615 en prenant 5 fois 123. Enfin, si le père essaye de donner d'abord 100 écus à chacun de ses enfans, il verra qu'après avoir formé 5 tas de chacun 100 écus, il lui reste encore dans la main de quoi former 5 tas de 20 écus et 5 tas de 3 écus ; d'où il suit évidemment que chaque enfant aura 3 tas, un de 100 écus, un de 20 et un de 3 écus, ou 123 écus.

comme nous avons dit un simple nombre nombrant, qui marque le nombre des parties dans lesquelles il faut distribuer 615 ou le dividende (1).

126. Cette contradiction qui existe entre le langage vulgaire et les opérations de l'arithmétique est plus grave qu'on ne pense ou qu'on ne semble le croire, quoiqu'aucun auteur n'en ait fait encore la remarque. En effet, elle a d'abord l'inconvénient de rompre l'analogie et l'opposition qui existent entre la multiplication et la division, considérées sous le rapport des nombres qu'elles ont pour objet et du but qu'elles se proposent, et présente ensuite sous des noms différens un nombre qui remplit la même fonction, ce qui conduit nécessairement à une fausse idée de l'opération et à des difficultées pour l'intelligence.

Pour redresser autant que possible cette défectuosité du langage, on s'attachera à bien comprendre que dans la multiplication le produit est composé du multiplicande, répété autant que l'indique le multiplicateur, et que dans la division c'est ce même produit qui est regardé comme dividende et qui doit être décomposé dans les parties dont il est censé avoir été formé. Dans la multiplication,

---

(1) Il est clair que la grandeur des parts est donnée par la grandeur respective du dividende et du diviseur. Tout le monde sent que plus il y aura de parts dans 615, plus elles seront petites, et que moins il y en aura, plus elles seront grandes. Ainsi, par exemple, si le père avait 6 enfans, leurs parts seraient moins fortes que s'il n'en avait que 4 ; par conséquent le nombre 5, en déterminant le nombre des enfans, fixe aussi la grandeur de leur part.

Au surplus, la division conduit à plusieurs questions qui tiennent à une métaphysique trop pointilleuse pour que je puisse les traiter ici. Ainsi j'abandonne aux personnes qui aiment à descendre jusque dans les dernières raisons des choses, la question de savoir si l'idée de diviser conduit nécessairement à celle de multiplier..... nous leur conseillons aussi l'examen de cette autre question, savoir, si les premiers inventeurs ont été conduits à la division par l'idée d'abréger la soustraction, ainsi qu'on paraît le croire. (On trouvera la solution de ces questions et de plusieurs autres dans mon grand Traité d'arithmétique.)

il n'y a qu'une manière d'envisager la chose, c'est de multiplier le multiplicande par le multiplicateur; c'est cette circonstance qui correspond exactement au premier cas de la division où l'on cherche à découvrir *le nombre de fois* que le dividende contient le diviseur, découverte qui s'obtient par la soustraction; mais, dans la division, il y a de plus une nouvelle idée ou une autre question qui est celle de *partager* le dividende en un nombre de parties égales quelconque, *indépendamment de celles dont il a pu être formé.*

127 Cette autre manière de considérer la division se rapporte à un autre ordre de problèmes dans lesquels on a pour objet de prendre une partie déterminée d'un nombre donné, comme, par exemple, le *huitième*, le *quinzième*, le *trentième*, le *soixante-quinzième*, etc., ce qu'on exprime en chiffres, en cette sorte : le 8ième, le 15ième, le 30ième, le 75ième. En ajoutant la terminaison *ième* comme indice de la distribution ou répartition en parties marquées par le chiffre qui l'accompagne.

Cet algorithme numérique s'applique aussi à l'idée d'ordre, de rang, de quantième, et désigne alors l'antériorité, la postériorité, la répartition d'une chose à l'égard de plusieurs autres. C'est ainsi qu'on dit le 7ième homme du 5ième rang, etc.

128. Au reste, cet embarras de la division tient moins au calcul qu'à l'objet qu'on se propose, et n'a lieu que dans les cas où l'opération doit s'effectuer sur des nombres concrets ou qui sont d'une espèce donnée. Car lorsque les nombres sont abstraits ou qu'on ne les regarde que comme la simple expression d'une collection quelconque d'unités, il en est de la division comme de la multiplication; de même qu'on peut prendre indifféremment le multiplicande pour le multiplicateur, et réciproquement, on peut prendre aussi le diviseur pour le quotient, et le quotient pour le diviseur; alors $\frac{615}{5} = 123$

répond au cas de 123×5, et $\frac{615}{123} = 5$ est l'analogue de 5×123.

129. A la suite de ces explications, on pressent bien que les élémens nécessaires pour effectuer la division dans chacun des cas que nous venons de considérer, lorsqu'elle est trop compliquée pour être faite de tête, sont les mêmes que ceux de la multiplication, c'est-à-dire qu'ils sont donnés par la table de Pythagore ; et en effet, pour appliquer cette table à ce nouvel usage, ou à la division des nombres *polichiffres* ou composés de plusieurs chiffres, il n'y a qu'à regarder comme autant de dividendes les nombres qui remplissent les cases et que nous avons regardés comme des produits, et alors considérant *les nombres de la première bande horizontale comme des diviseurs, le quotient se trouve dans la première colonne vis-à-vis le dividende.* Je m'explique : supposons que les deux nombres de la division soient 8 et 56 ; le premier faisant les fonctions de diviseur et le second celle de dividende, on cherchera le diviseur 8 dans la première ligne horizontale, on descendra dans la huitième colonne jusqu'à 56, et le chiffre 7, qui, dans la première colonne, correspond à 56, sera le quotient cherché : cela ne souffre aucune difficulté.

130. Mais il peut se faire qu'on ne trouve pas au-dessous du diviseur le nombre donné comme dividende. Ainsi, si on donnait 8 et 59, ce nombre 59, qui est ici le dividende, ne se trouve pas dans la huitième colonne au-dessous de 8, il ne fait pas même partie de la table. Toutefois on remarquera avec un peu d'attention qu'il est compris entre 56 et 64, qui se trouvent tous deux dans la huitième colonne, ce qui nous apprend que 8 est compris 7 fois dans 59, avec un reste 3 qui provient de l'excès de 59 sur 56, c'est-à-dire de l'excès de 59 sur 7 fois 8 ; il est d'ailleurs évident que 8 ne peut être

contenu plus de 7 fois dans 59, puisque 8 fois 8 font 64, ce qui, en d'autres termes, annonce qu'il faudrait encore ajouter 5 à 59 pour qu'il contînt 8 fois 8. Il suit de là cette règle que, dans le cas où un dividende bischiffre tombe entre deux dividendes tabulaires, on prend pour quotient le nombre de la première colonne qui correspond au plus petit des deux, et on tient note de la différence qui est entre le plus petit dividende tabulaire et le dividende proposé, pour en faire l'usage que nous allons indiquer.

Avec ces élémens bien compris et bien gravés dans la mémoire, on peut entreprendre avec succès une division quelconque; mais nous avons promis de passer toujours du simple au composé; en conséquence nous allons parcourir les différens cas que présente la division, en suivant l'ordre croissant des difficultés.

DEUXIÈME LEÇON.

131. *De la division d'un nombre polychiffre par un nombre monochiffre.* Pour arriver à la solution de cette question, proposons-nous de diviser 6,930 par 3, c'est-à-dire de trouver combien de fois le premier de ces nombres contient le second, ou de le partager en trois parties égales.

C'est un principe convenu, que toutes les fois qu'une opération excède les forces de notre esprit, ou se trouve d'un tissu trop compliqué pour que nous puissions l'apercevoir dans tous ses détails et l'effectuer d'un seul coup, nous la décomposerons en autant d'opérations partielles qu'il sera nécessaire pour que chacune d'elles puisse se faire commodément d'après les données que nous venons d'établir, et d'autres moyens qui se trouvent aussi à la portée de tous les hommes. Or, c'est ici le cas d'appliquer ce principe, car il y a bien peu d'hommes qui pourraient dire au premier aperçu de ces deux nombres 6,930 et 3, combien le premier contient le second, ou qu'elles sont les trois parties égales dont il est formé. L'analogie, le guide le plus fidèle que nous puissions suivre, va dans cette occasion, comme dans toutes les autres, nous conduire sûrement et facilement au but.

Si nous avions à multiplier 6,930 par 3, que ferions-nous? Nous multiplierions par 3 chaque partie dont ce nombre est composé. Suivons donc la même marche, et cherchons combien de fois 3 est contenu dans 6,000 + 900 + 30 + 0 = 6,930. Or, 3 est contenu 2 fois dans 6, et par conséquent 2,000 fois dans 6,000; il est contenu 3 fois dans 9 ou 300 fois dans 900, une fois dans 3 ou 10 fois dans 30, et enfin il n'est aucunement contenu dans 0. Ainsi, 3 est contenu 2,000 fois, + 300 fois, + 10 fois, + 0 fois, ou 2,310 fois dans 6,930, ou encore 2,310 est une des trois parties égales dont 6,930 est composé.

132. Les moyens auxiliaires employés ici au secours de l'esprit sont simples et évidens, et consistent à partager le dividende total 6,930 dans les quatre *dividendes partiels* 6,000, 900, 30 et 0, et à chercher ensuite combien le di-

viseur 3 est contenu dans chacun d'eux, ce qui s'effectue très-commodément et avec la plus grande facilité, en disposant les nombres comme ci-dessous, c'est-à-dire *en écrivant d'abord le dividende, et en plaçant à sa droite le diviseur que l'on sépare par un trait vertical, et que l'on souligne ensuite afin de ne le pas confondre avec les chiffres du quotient qu'on va obtenir. Après ce dispositif, on isole et on met successivement en évidence chaque partie du dividende partiel (ainsi qu'il est pratiqué ci-dessous); on cherche combien de fois le chiffre significatif qu'il comprend contient le diviseur, et on écrit ce nombre de fois à la place marquée pour le quotient; enfin on fait la somme des diverses parties du quotient qu'ont fournies les dividendes partiels, et cette somme qui se trouve être le quotient total termine l'opération.*

Dividende total. . . .	6,930	3 diviseur.	
1er Dividende partiel.	6,000	2,000	1er quotient.
2e Dividende partiel.	900	300	2e quotient.
3e Dividende partiel.	30	10	3e quotient.
4e Dividende partiel.	0	0	4e quotient.
	Quotient total. . . .	2,310	ou somme.

133. Mais il arrive rarement que l'opération se présente sous une forme aussi simple que dans cet exemple que nous offrons ici comme type général de la division. Presque jamais chaque dividende partiel ne contient exactement le

diviseur, et souvent le diviseur n'est pas contenu du tout dans un ou plusieurs dividendes partiels. Afin de ne pas compliquer la chose tout d'un coup, voyons d'abord le premier cas.

134. 1re *Modification.* Comme on ne peut prévoir en commençant la division si chaque dividende partiel contiendra le diviseur exactement ou sans reste, on fait toujours l'opération dans l'hypothèse que la chose n'aura pas lieu, c'est-à-dire qu'à mesure qu'on avance dans la division, on s'assure, afin de n'être pas obligé de revenir sur ses pas, qu'on a mis au quotient le chiffre le plus fort que puisse donner le dividende partiel; par ce moyen, on peut employer l'excédant s'il y en a un dans la division partielle suivante, et l'opération totale se trouve terminée avec la dernière division partielle. Expliquons les détails de ce procédé par un fait, et prenons pour exemple le nombre 9,536 à diviser par 4.

135. Cette nouvelle manière d'opérer revient à *multiplier successivement le diviseur par chaque chiffre du quotient, et à mesure qu'on trouve ces chiffres; à retrancher ensuite le produit du dividende partiel employé, et enfin écrire le reste au-dessous.* Ce reste, considéré comme exprimant des dixaines, réuni au chiffre suivant du dividende total, que l'on *abaisse* à sa droite, forme le *dividende partiel* sur lequel on doit actuellement opérer, et qui va fournir le chiffre suivant du quotient que l'on vérifiera

de même. Commencons par disposer les nombres comme nous l'avons dit, en plaçant le diviseur à droite du dividende, etc. (J'ajoute à côté de chaque opération de détail une indication qui l'isole et la fasse mieux ressortir.)

	Divid. total.	
1° Divid. partiel, 9 séparé par un point des autres chiffres 5, 3 et 6.	9.536	4, diviseur.
Prod. du divis. 4 par 2, 1er chif. du quot.	8 à soustrre	2384 quot.
2° Divid. partiel composé du reste et du 2e chiffre 5 du dividende total.	15	2° soustraction.
Produit de 4 par 3, 2e chiffre du quot. .	12	
3° Divid. partiel composé du reste 3 et du 3e chiffre 3 du dividende total. . . .	33	3e soustraction.
Produit de 4 par 8, 3e chiffre du quot. . .	32	
4° Divid. partiel composé du reste 1 et du dernier chiffre 6 du divid. total. . .	16	4e soustraction.
Prod. de 4 par le dernier chif. du quot. . .	16	
Reste de la dernière divis. partielle. . .	o	fin de l'opération.

On voit ici le premier chiffre 9 du dividende séparé par un point des autres chiffres 5, 3 et 6, afin de l'isoler pour former le premier dividende partiel, ainsi qu'il est indiqué. Après avoir reconnu que ce chiffre 9 contient 2 fois, ou comme nous avons dit contient 2,000 fois le diviseur 4, on a écrit 2 au quotient, et on a multiplié le diviseur 4 par ce premier chiffre 2 du quotient pour avoir 8, qui est écrit au-dessous de 9. On a retranché 8 de 9 pour obtenir le reste 1 mille, qui est l'excès du dividende partiel sur 2 fois (ou 2,000 fois le diviseur).

A côté de ce chiffre 1, on a *abaissé* le chiffre 5, deuxième chiffre du dividende total, qu'on voit marqué d'une virgule pour indiquer cet emploi, ce qui a fourni 15 ou 1,500 pour deuxième dividende partiel, lequel contient 3 fois (c'est-à-dire 300 fois) le diviseur 4. On écrit ce 3 au quotient où il occupe le second rang; puis, pour le vérifier, on fait le produit du diviseur par 3, lequel est 12, et on l'écrit au-dessous de 15, afin d'avoir l'excès de ce nombre sur 3 fois 4; enfin on écrit cet excès qui est 3 au-dessous.

A droite de ce nouvel excès, on abaisse le troisième chiffre du dividende total, que l'on marque alors d'une virgule, ce qui fournit le troisième dividende partiel 33, qui, d'après la table de division, contient 8 fois 4, et donne le reste 1, puisque 8 fois $4 = 32$. Enfin, à côté de ce reste 1, on abaisse le quatrième chiffre 6 du dividende total, et le dernier dividende partiel qui est 16 se trouve contenir exactement 4 fois le diviseur.

136. Par ces détails, on voit d'abord que, quoiqu'il y ait dans le cours de l'opération plusieurs dividendes partiels qui ne contiennent pas le diviseur exactement, ce n'est pas une raison pour que la division ne puisse se faire sans reste.

On voit en second lieu que l'excès du dividende partiel sur le produit du diviseur, par le chiffre du quotient, doit toujours être plus petit que le diviseur; car s'il lui était égal ou plus grand, le diviseur serait contenu un fois au moins de plus dans le dividende partiel, et le chiffre du quotient correspondant ne serait pas le plus grand qu'il fût possible d'obtenir, ou, en d'autres mots, il serait trop faible, et il faudrait l'augmenter et recommencer cette division partielle.

Ce chiffre du quotient serait au contraire trop fort, si le produit du diviseur par ce chiffre était plus grand que le dividende partiel. Car il est bien clair, puisque la soustraction ne pourrait s'effectuer, que le dividende partiel ne contiendrait pas le diviseur autant de fois qu'on l'aurait supposé; il faudrait donc alors encore recommencer l'opération partielle, et mettre un chiffre plus faible au quotient. On voit qu'il est utile de s'habituer à ne pas confondre le quotient *apparent* avec le quotient *réel*, celui-là est presque toujours trop fort.

On voit en troisième lieu que l'un des dividendes partiels ne peut contenir plus de 9 fois le diviseur; car, par exemple, ici où le diviseur est 4, l'excès d'un dividende partiel sur le produit du diviseur par ce quotient ne pouvant excéder 3, le plus grand dividende partiel qu'on puisse avoir est 39, lequel donnerait 9 pour quotient; mais 36 étant alors le produit du diviseur par le quotient, ce produit soustrait de 39 donnerait le reste 3, qui montre que le quotient 9 ne peut être plus grand ou est le plus grand possible, c'est-à-dire ne peut être 10, puisque 4 fois 10 font 40, nombre qui excède 39, le plus grand des dividendes partiels qu'on puisse avoir. Ainsi, comme le disent les arithméticiens, *on ne peut dans aucun cas mettre plus de 9 au quotient.*

Il est également facile de concevoir qu'un dividende partiel peut être zéro ou ne pas contenir le diviseur, c'est ce qui arriverait dans l'exemple actuel si le premier chiffre du dividende total était 8 au lieu d'être 9, et si en même temps le deuxième chiffre était zéro au lieu d'être 5, c'est-à-dire si on avait à diviser 8,036 par 4. Il est clair que le premier dividende partiel 8, contenant 2 fois le diviseur, le reste est 0, et qu'alors le second dividende partiel est 00, et le troisième 03, c'est-à-dire qu'ils ne renferment ni l'un ni l'autre le diviseur 4, et annonçent qu'il faut mettre au quotient deux zéros de suite, afin de marquer qu'il y a eu deux dividendes partiels qui n'ont pas produits de chiffres *significatifs*. Le détail des calculs est trop simple pour que je m'y arrête davantage : je passe en conséquence à d'autres réflexions qui compléteront cette nouvelle théorie de la division.

137. Toutefois, avant d'abandonner ce paragraphe, j'établirai ce précepte qui en découle naturellement et qui concerne la seconde partie de la première modification ; savoir que, lorsqu'un dividende partiel ne contient pas le diviseur, on doit écrire un zéro au quotient avant d'abaisser le chiffre suivant du dividende total.

J'ai dit, en commençant l'opération, que 9 contenait 4, 2 fois ou 2,000 fois. Je pense que cette manière de m'exprimer ne peut faire difficulté ; 2 fois, en regardant 9 comme isolé et représentant des unités de même ordre que le diviseur ; 2,000 fois, en considérant 9 comme exprimant les mille du nombre 9,536 à diviser par 4.

138. On peut d'ailleurs se rendre compte de ces détails par une décomposition analogue à celle que nous avons employée dans la soustraction. En effet, proposer de diviser 9,536 par 4, c'est demander de trouver combien de fois 9,536 contient 4 ou de décomposer ce nombre en 4 parties égales, questions qui reviennent, l'une à regarder 9,536 comme formé de $4 \times 2{,}384$, la deuxième comme formée de $2{,}384 \times 4$.

Sous ce point de vue particulier, on verra qu'en effectuant la multiplication dans les deux cas, sans effectuer les réductions des produits partiels dans le produit total, on trouvera que $2{,}384 \times 4 = 8{,}000 + 1{,}200 + 320 + 16$, c'est-à-dire que ce produit est composé de 8 mille, de 12 centaines, de 32 dixaines et de 16 unités. Or, la division de chacune de ces parties par 4 se fait sans reste, parce qu'elles ont l'avantage d'offrir le nombre 9,536 sous le point de vue spécial sous lequel il doit être envisagé, lorsqu'on propose de trouver combien de fois il contient 4, au lieu que l'expression 9,536 l'offre comme un nombre nombrant ou comme exprimant en général une collection d'unités.

Enfin, il est clair que les chiffres 238 4 du quotient, tels qu'ils sont écrits, reviennent à 2,000 + 300 + 80 + 4 = 2,384, et qu'ainsi il suffit de placer ces chiffres, comme nous l'avons pratiqué, les uns à la suite des autres, à mesure qu'on les trouve, en regardant chaque dividende partiel de deux chiffres comme exprimant simplement des unités et des dixaines; tout cela découle immédiatement de la numération, et ne peut plus souffrir aucune difficulté. Je me hâte donc de passer aux derniers éclaircissemens que réclame encore cette théorie.

TROISIÈME LEÇON.

139. Dans une division quelconque, d'après ce qui précède, on ne peut évidemment avoir pour reste qu'un nombre plus petit que le diviseur, c'est-à-dire quelques-uns des nombres compris depuis 0 jusqu'au diviseur exclusivement; et comme les dividendes partiels de l'opération se forment de ces restes, en abaissant successivement à leur droite les chiffres suivans du dividende total, il résulte de là plusieurs conséquences que nous ne pouvons suivre ici dans tout leur développement, et que nous signalerons seulement sous le point de vue qui peut nous être utile par la suite.

140. Et d'abord, il est clair qu'il peut se trouver, comme nous le savons déjà par l'expérience, des dividendes partiels qui contiennent un chiffre de plus que le diviseur; néanmoins,

nous regardons comme *démontré en général qu'on ne peut mettre plus de 9 au quotient.*

On conçoit d'ailleurs qu'un dividende partiel ne peut contenir deux chiffres de plus que le diviseur ; car, raisonnant l'opération ainsi qu'il a été dit toujours sur le même exemple, le reste, qui doit être inférieur à 4, est nécessairement d'un seul chiffre, lequel avec le chiffre abaissé ne peut fournir qu'un dividende partiel de deux chiffres.

141. Une seconde conséquence est que, si la division se prolongeait au-delà de quatre chiffres au quotient, on retomberait nécessairement sur un des chiffres 0, 1, 2 et 3 pour reste ; et alors les dividendes partiels, quelque grand que soit le dividende total, ne pourraient plus différer entre eux que par le second chiffre qu'on abaisserait à chaque nouvelle opération ; mais comme d'ailleurs ces chiffres sont eux-mêmes limités, et ne peuvent être que 0, 1, 2, 3,.... 9, les dividendes partiels possibles sont restreints en un nombre qui peut se calculer ; de sorte que les chiffres du quotient, loin d'être quelconques, sont soumis à un ordre qui peut être prévu, et que la division suit une marche déterminée, se fait exactement ou avec un reste, selon certaines circonstances qu'on peut découvrir avant l'opération, et qui servent à expédier les calculs plus rapidement ou fournissent des moyens de vérification qui suffisent la plupart du temps aux praticiens exercés. On trouvera dans

mon grand Traité d'arithmétique des détails neufs et intéressans sur ces diverses circonstances.

142. Enfin il peut même arriver que les restes se reproduisent *périodiquement*, c'est-à-dire qu'ils reviennent dans le même ordre, ainsi que cela a lieu dans l'exemple suivant, où l'on voit reparaître alternativement les chiffres 6, 1 et 3. On remarquera d'ailleurs que, dans cet exemple, la division est réduite à ses moindres termes, ou, en d'autres mots, les multiplications et les soustractions qui ont pour objet la vérification de chaque chiffre du quotient ont été effectuées de tête; de sorte qu'on ne voit écrit que les restes à côté de chacun desquels un chiffre du dividende total se trouve abaissé pour former les dividendes partiels de l'opération.

	Dividende total.	
1er Divid. partiel séparé par le 1er point. . . .	30.6,80,6,5	5 diviseur.
2e Dividende partiel. .	0 6	61361 3 quot.
3e Dividende partiel. .	1 8	
4e Dividende partiel. .	30	
5e Dividende partiel. .	0 6	
6e Dividende partiel. .	1 5	
Reste.	0 fin.	

143. Voici d'autres exemples sur lesquels les élèves feront bien de s'exercer :

1er Ex. : 361,827,236, divisé par 4 = 90,456,809.
2e 179,006,600, à diviser par 5 = 35,801,320.
3e 237,002,448, à diviser par 6 = 39,500,408.

4e 6,913,594,191 / 7 = 987,656,313.
5e 5,518,079,000 / 8 = 689,759,875.
6e 7,343,156,882 / 9 = 815,906,098.

144. Dans les trois derniers exemples, nous avons indiqué la division, ainsi que le prescrit la règle, en séparant le dividende du diviseur par un trait vertical : le quotient est le nombre qui suit le signe égale. Ainsi, le quatrième exemple doit se lire 6,913,594,191, divisé par 7, égale 987,656,313 ; il en est de même des deux autres. A l'avenir, deux nombres écrits à la suite l'un de l'autre et séparés par un trait vertical seront toujours l'expression du premier divisé par le second, et s'ils sont suivis du signe égale avec un troisième nombre, ce troisième nombre sera le quotient.

QUATRIÈME LEÇON.

145. 2e *Modification*. Lorsque le diviseur se trouve composé de plusieurs chiffres, *l'opération ne s'en fait pas moins d'après les mêmes principes, c'est-à-dire qu'après avoir disposé les nombres comme il a été dit, on partage le dividende total en autant de dividendes partiels qu'il est nécessaire pour ramener la division à des opérations partielles faciles à effectuer.*

146. Ainsi on commencera par prendre sur la gauche du dividende autant de chiffres qu'il en faut pour contenir le diviseur, ce qui revient, comme nous l'avons dit, à en prendre autant que le diviseur en contient, ou un de plus, dans le cas où le premier chiffre du di-

vidende est plus petit que le premier chiffre du diviseur. On sépare ces chiffres, qui forment le premier dividende partiel, du reste du dividende total par un point. On cherche combien de fois le premier chiffre (ou les deux premiers chiffres) de ce dividende, qu'on vient de séparer, contient le premier chiffre du diviseur, et on écrit ce nombre de fois au quotient.

Pour vérifier si ce premier chiffre du quotient n'est ni trop fort ni trop faible, on multiplie le diviseur par ce chiffre, et on écrit le produit au-dessous du dividende partiel sur lequel on opère; on retranche ce produit de ce dividende partiel, et on écrit le reste au-dessous, lequel, comme on sait, doit être plus petit que le diviseur.

Après avoir ainsi effectué la soustraction, car c'est une condition pour que le quotient ne soit pas trop fort, à côté du reste, qui est justement la partie du dividende partiel qui n'a pas été employée, on abaisse le chiffre suivant du dividende total, pour former un second dividende partiel sur lequel on opère comme sur le premier, c'est-à-dire qu'on cherche combien de fois le premier ou les deux premiers chiffres de ce dividende contient le premier chiffre du diviseur, on écrit ce nombre de fois au quotient, et on fait la vérification de la même manière... Enfin, on continue d'abaisser successivement les autres chiffres du dividende total jusqu'à ce qu'il soit épuisé, et on opère sur chaque nouveau dividende partiel comme sur les précédens.

215,6,8	32
192	674
236	
224	
128	
128	
000	

Éclaircissons ces détails sur le nombre 21,568, à diviser par 32.

Après avoir disposé l'opération comme à l'ordinaire, on prend sur la gauche du dividende autant de chiffres qu'il en faut pour contenir le diviseur, c'est-à-dire que l'on en prend trois, car le 1er chiffre du diviseur étant plus grand que le premier chiffre 2 du dividende, les deux premiers 21 ne peuvent contenir 32, il faut donc prendre les trois chiffres 215 pour rendre la division possible; alors je cherche en 21 *combien de fois* 3, et quoiqu'il y ait réellement 7 fois, je n'écris cependant que 6 au quotient, parce que je prévois bien qu'en multipliant le diviseur 32 par 7, j'aurais un produit plus grand que 215, ce qui rendrait la soustraction impossible et annoncerait, comme nous l'avons remarqué, que le chiffre 7 est trop fort.

Ayant effectué le produit du diviseur 32 par 6, je l'écris au-dessous de la partie 215 du dividende total, et j'effectue la soustraction en écrivant le reste 23 au-dessous, à côté duquel j'abaisse le chiffre suivant 6 du dividende, ce que je marque par une virgule, et j'obtiens ainsi le nombre 236 pour second dividende partiel.

En opérant de même sur ce nouveau nombre, j'obtiens 7 pour second chiffre du quotient, avec un reste 12 qui, réuni au dernier chiffre 8 du dividende total, donne 128 pour dernier dividende partiel, qui produit 4 pour troisième et dernier chiffre du quotient, et la division est terminée sans reste.

147. On voit par cet exemple que, quoiqu'on regarde généralement la division comme plus difficile que la multiplication, cette opération n'exige qu'un peu plus d'expérience dans la recherche, qui a lieu par aperçu, de chaque chiffre du quotient, afin d'éclaircir cette difficulté, qui tracasse beaucoup les commençans, dont la main chancelante n'a pas encore acquis l'habitude et le mécanisme des calculs. Nous placerons ici, pour les sortir de ce labyrinthe, un exemple qui, bien compris, sera pour eux le fil d'Ariane.

148. Supposons donc à diviser 152,262 par 198, après avoir disposé l'opération comme de coutume, quoique le 1er chiffre du dividende contienne celui du diviseur, on prendra néanmoins les quatre premiers chiffres 1,522 du dividende total pour former le premier dividende partiel, attendu que les trois premiers 152 ne contiennent pas le diviseur 198. Venant ensuite à chercher selon la règle combien le premier chiffre 1 du diviseur est contenu dans les deux premiers chiffres 15 du dividende partiel, l'on serait tenté de croire, et c'est ici l'écueil, qu'il y est contenu 15 fois, tandis qu'il n'y est réellement que 7 fois. Comment donc reconnaître qu'il n'y est contenu que la moitié de ce qu'il semble

1522,62	198.
136,6	769
1782	
000	

être contenu? Faut-il essayer successivement au quotient les nombres 15, 14, 13, 12, jusqu'à 7? Quelles perplexités! Mais qu'on ne s'effraie pas, à mesure qu'on acquiert plus d'expérience, l'embarras diminue considérablement, et l'on possède bientôt la faculté de ne plus confondre le quotient *réel* avec le quotient *apparent*.

On observera d'abord qu'on ne peut mettre plus de 9 au quotient, et alors il n'y a plus à essayer que 9 et 8, puisque 7 convient, c'est-à-dire qu'on n'est plus exposé qu'à deux essais infructueux, que l'on peut encore éviter en remarquant que la première partie 19 du diviseur est très-proche de 20, ou que le diviseur entier 198 est sensiblement égal à 200; et que, s'il était réellement 200, il ne serait pas évidemment contenu plus de 7 fois dans le dividende partiel 1,522; puisque 2 centaines ne peuvent être contenues plus de 7 fois dans 15 centaines.

149. Ainsi, dans cette circonstance, où le 2ᵉ chiffre du diviseur est considérablement plus grand que le premier, comme il arrive dans l'exemple actuel, que nous avons choisi à dessein, où les deux chiffres 1 et 9 du diviseur sont les plus éloignés l'un de l'autre qu'il est possible, où en d'autres mots, sont les extrêmes des nombres monochiffres et présentent, par conséquent, la difficulté à son maximum, il faut chercher combien le double du premier chiffre du diviseur est contenu

dans les deux premiers chiffres du dividende partiel, et rarement on aura à augmenter ou diminuer le chiffre du quotient d'une unité. Du reste, on effectue la division comme il a été enseigné.

150. On peut d'ailleurs restreindre encore l'incertitude en se tenant en garde contre une disposition naturelle par laquelle on est en général porté à mettre plus au quotient que le diviseur n'est réellement contenu dans le dividende partiel.

151. On remarquera que dans la circonstance actuelle, les chiffres du quotient sont ordinairement très-grands. Quoique ce ne soit pas là une difficulté, quand on sait bien son abaque, cette particularité jette néanmoins les commençans dans un embarras qui les préoccupe et les empêche de voir que la multiplication du deuxième chiffre 9 du diviseur 198, par les chiffres 7, 6 ou 9 du quotient, fait refluer sur le produit du chiffre 1, par ces mêmes chiffres 7, 6 et 9, une retenue qui double presque le produit, ce qui revient précisément à ce que nous disons, de doubler le premier chiffre 1 du diviseur.

152. On observera encore que la difficulté diminue d'elle-même, lorsque les deux premiers chiffres du diviseur sont à une distance plus rapprochée l'un de l'autre, comme 18, ou 28, ou 38, ou 17 ou 27, etc. Dans ces divers cas, avant d'écrire au quotient le chiffre qu'on essaie, on fera bien d'évaluer par aperçu la retenue qu'on aura à joindre au produit du premier chiffre du diviseur. par le chiffre du quotient qu'ont veut essayer, et de voir quel sera ce produit, augmenté de cette retenue à l'égard du dividende partiel.

Ainsi, par exemple, si on a le diviseur 286 et qu'on veuille mettre 7 au quotient, on dira 7 fois 6 font 42, puis 7 fois 8 font 56, et 4 de retenue font 60. J'aurai donc 6 de retenue à joindre au produit 7 fois

2 ou 14, ce qui me donnera 20, nombre qui indiquera un quotient qui n'est pas trop fort, s'il peut être retranché des deux premiers chiffres du dividende partiel, ou qui indiquera un quotient trop faible, si le reste de la soustraction est égal ou plus grand que ce diviseur 286.

Enfin, il y a dans le cours de la division une autre attention dont il faut se munir, dans le cas ou le premier chiffre du diviseur est sensiblement plus grand que le second, comme 91. Le produit du second chiffre 1 par le chiffre du quotient n'influant que peu sur le produit de 9, il n'y a rien à craindre en mettant au quotient le nombre de fois que 9 paraît contenu dans le premier ou les deux premiers chiffres du dividende partiel, surtout si les chiffres qui suivent 9 sont peu élevés.

153. En réfléchissant sur toutes les particularités que nous venons de parcourir, on concevra que *les cas les plus aisés de la division sont ceux où les chiffres du diviseur diffèrent peu les uns des autres, et surtout lorsqu'ils sont inférieurs à 5 ou 6, comme 2, 3, 4, 5.*

154. Les élèves qui veulent se fortifier dans la pratique de cette opération feront bien de s'exercer sur les exemples suivans, qui présentent une sorte de répertoire de toutes les circonstances que nous venons d'examiner.

1er 43,406,904 / 50,709 = 856.
2e 6,265,552,944 / 89,467 = 70,032.
3e 54,739,360,392 / 904,723 = 60,504.
4e 50,666,401,368 / 8,756 = 5,786,478.
5e 1,773,345,268,932 / 49,578 = 35,768,794.
6e 408,021,099,054,559,145/504,308,209=8,090,795

155. 3e *Modification*. Nous avons vu que dans le cas où le multiplicande et le multiplicateur

ou les facteurs sont terminés par des zéros, la multiplication peut s'effectuer sans faire attention aux zéros, pourvu qu'on ait soin de les écrire à la suite du produit ; mais il n'en est pas tout-à-fait ainsi de la division, et nous nous réservons d'en parler plus bas, et en traitant des décimales.

156. 4e *Modification.* Enfin, il y a encore à considérer le cas où l'on aurait à diviser un nombre par plusieurs autres. En traitant de la multiplication, nous avons remarqué pour les cas analogues, que l'ordre dans lequel on multiplie les facteurs est presque toujours indifférent; dans la division, ce principe est plus restreint. Si on n'a en vue que d'épuiser le dividende, il importe peu dans quel ordre on effectue les divisions; mais si on doit remplir certaines conditions, ces conditions fixent invariablement l'ordre des divisions à opérer.

Si par exemple on désire savoir si le nombre 334,417,200 est exactement divisible par les nombres 85, 97, 104 et 390, pour s'en assurer, on peut diviser le nombre proposé par 85, puis le quotient par 97, puis le second quotient par 104, et enfin le dernier quotient obtenu par 390. Si toutes ces divisions se font exactement, le nombre remplit la condition demandée, condition qu'on aurait pu vérifier de toute autre manière, et en effectuant les divisions dans un ordre quelconque. Mais si on veut savoir combien de fois 334,417,200 contient d'abord 85, puis, combien le quotient contient de fois 97, etc., il faut de toute nécessité diviser d'abord par 85, puis par 97, puis, etc.

157. Voici deux autres exemples du même genre,

et qu'on pourra effectuer sous telles conditions qu'on voudra s'imposer.

1° 10,799,415,600 est-il divisible par les nombres 24, 47, 73, 305 et 430? (Exactement bien entendu.)

2° Quels sont les quotiens des divisions successives de 542,096,002,035,000, qui résultent de sa propre division et de celles de ses quotiens par les nombres 54, 67, 89, 509, 945 et 3,500, et par leur produit 2 à 2, 3 à 3, c'est-à-dire par 54 × 67, 54 × 89, etc.

QUATRIÈME LEÇON.

Applications de la Division à diverses questions modèles et d'utilité générale qui en dépendent.

158. Questions à vérifier ou à effectuer.

I. Un ouvrier qui est payé à raison de 3 fr. par jour de travail, a reçu 36 fr. pour prix de sa quinzaine; combien a-t-il travaillé de jours ?

Réponse : Il est clair, d'après les notions que nous avons sur la division, que 36 fr. contiennent 3 fr. autant de fois qu'il y a de jours de travail. Il faut donc diviser 36 par 3, et le quotient sera le nombre de jours cherchés, ce qui s'indique ainsi que nous l'avons dit par $\frac{36}{3}$ ou par 36/3 = 12. Ainsi l'ouvrier a travaillé 12 jours dans sa quinzaine. Si on avait demandé ce qu'il gagnait par jour, dans la supposition qu'il aurait travaillé 12 jours pour recevoir 36 fr., on aurait eu $\frac{36}{12}$ ou 36/12 = 3 fr., prix de la journée.

Cette question est un exemple frappant de ce que nous avons dit au commencement de la division, et spécialement dans les n°s 124, 25, 26, 27 et 28, auxquels on doit retourner, si on ne les a pas bien présens à l'esprit.

II. Quel est le quotient de 1,057,036 divisé par 3,547 ?

Réponse : $\frac{1,057,006}{3,547}$ = 1,057,006/3,547 = 298.

III. Combien 2,595,586 contient de fois le nombre 397 ?

Réponse : $\frac{2,595,586}{397}$ = 6,538 fois.

IV. Partagez 33,165,678 en 437 parties égales ?

Réponse : $\frac{33,165,678}{437} = 75,894$ chaque partie.

V. Combien le nombre 11,385,128 contient de parties égales à 29,804 ?

Réponse : $\frac{11,385,128}{29,804} = 382$ parties.

VI. Quelle est la *deux cent quatre-vingt-septième* partie de 10,907,148 ?

Réponse : $\frac{10,907,148}{287} = 38,004.$

VII. Les revenus d'un particulier s'élèvent à 5,475 fr. Combien a-t-il à dépenser par jour ?

Réponse : $\frac{5,475}{365} = 15$ fr.

VIII. Les contributions d'un particulier sont de 2,352 fr. Combien chaque douzième ?

Réponse : $\frac{2,352}{12} = 196$ fr.

IX. 18 ouvriers ont marchandé un ouvrage pour la somme de 17,100 fr. L'ouvrage terminé, que revient-il à chacun ?

Réponse : $\frac{17,100}{18} = 950$ fr. : quote-part de chacun.

X. 19 particuliers ont à partager la somme de 35,625 fr. Que revient-il à chacun ?

Réponse : $\frac{35,625}{19} = 1,875$ fr.

XI. On demande 3 fr. pour la confection du mètre d'un certain ouvrage. Combien fera-t-on faire de mètres pour la somme de 150 fr. ?

Réponse : $\frac{150}{3} = 50$ mètres.

XII. Si on a payé 2,839 fr. pour 167 kilogrammes d'une marchandise, à combien revient le kilogramme ?

Réponse : $\frac{2,839}{167} = 17$ fr.

XIII. 3,574 choses ont coûté 96,498 fr. ; à combien la chose ?

Réponse : $\frac{96,498}{3,574} = 27$ fr.

XIV. Si une chose vaut 18 fr., combien aura-t-on de cette chose pour 6,336 fr. ?

Réponse : $\frac{6,336}{18}$ 352 choses.

XV. Quelqu'un a placé 60,000 fr. *au denier* 20, c'est-à-dire que, pour chaque 20 deniers prêtés, il retire 1 denier, ou que pour chaque 20 fr. il retire 1 fr., ou 5 fr. pour 100 fr. On demande quel est l'intérêt de cette somme ?

Réponse : $\frac{60,000}{20} = 3,000$ fr. ou $\frac{60,000}{100} \times 5 = 3,000$.

XVI. Quelqu'un reçoit un legs annuel de 1,565 fr. provenant d'une donation de 37,560 fr. faite par un collatéral en sa faveur. A quel denier cette somme a-t-elle été placée ou constituée ?

Réponse : 37,560/1,565 = 24 ou au denier 24, c'est-à-dire que chaque 24 fr. de constitution produit 1 fr. de rente annuelle à perpétuité.

XVII. Selon M. de Barante, il y a en France un individu sur 8 qui consomme du tabac. Or, la consommation annuelle est de 12 millions de kilogrammes qui sont vendus 68 millions de francs : cela posé, 1° combien y a-t-il d'individus en France qui consomment du tabac, la population étant supposée de 32 millions ? 2° quelle est la consommation de chaque individu ? 3° combien en coûte-il à chaque priseur pour satisfaire sa fantaisie de priser? Si chaque gramme contient 10 prises, combien cela fait de prises par jour?

Réponse : Il y a en France 4 millions d'individus qui prennent du tabac : chacun consomme 3 kilogrammes de tabac par année ou 3,000 grammes en 365 jours, et environ 80 prises par jour ou 16 heures de veille : c'est 5 prises par heure ; mais puisque 12 millions de kilogr. coûtent 68 millions de francs, le kilogr. revient à 5 fr. 66 cent., et les 3 kilog. font à peu près 17 fr. par an ou plus de 4 centimes et demi ou près d'un sou par jour.

XVIII. Nous savons que la France a payé pendant les 16 années de la restauration 15,337,470,266 fr.; combien cela fait-il par *année moyenne*, et combien cela fait de contribution par individu, la population étant de 29,146,120 individus?

Réponses : 1re. Année moyenne, cela fait 15,337,470,266 / 16.
2e. Par chaque individu 958,591,891/29,146,120.

XIX. La comète qui a paru en 1680, et qui a excité Newton à beaucoup de recherches, reparaît, selon l'opinion des astronomes, tous les 575 ans environ; combien de fois a-t-elle paru depuis le commencement du monde, pour lequel on comptait en 1834 5,834 ans, et dans combien de temps reparaîtra-t-elle.

Réponse : Cette question présente une division qui s'effectue avec un reste utile à la solution. Car après avoir trouvé 10 pour réponse à la première partie de la question, le reste 80, étant retranché de 575, enseigne que la comète reparaîtra dans 495 ans, c'est-à-dire en 2,329.

XX. On sait par des observations astronomiques que la lumière met environ 8 minutes pour arriver du soleil à la terre; on demande combien elle parcourt de lieues par secondes, la distance de la terre au soleil étant de 34,761,600 lieues?

Réponse : 72,420 lieues. Aucun phénomène de la nature n'offre l'idée d'une vitesse plus prompte. La vitesse de l'étincelle électrique ou de la foudre paraissent même sensiblement moins promptes.

XXI. En supposant le diamètre du ciel de

14,340,166,327,040 lieues, et on ne peut pas le supposer plus petit, sa circonférence serait de 45,069,094,170,697 lieues; on demande, dans l'hypothèse de Ptolémée, combien de lieues chaque étoile parcourrait par seconde de temps, la circonférence entière étant parcourue en vingt-quatre heures ou 86,400 secondes.

Réponse : 521,633,034 lieues. Vitesse qui excèderait encore de beaucoup celle de la lumière, mais personne n'admet plus le système de Ptolémée. Cette question présente une division qui offre un reste inutile à la solution en nombres entiers.

XXII. Si la France contient 5,354 myriamètres carrés, et 32,504,134 individus, combien comprend-elle d'individus par myriamètre carré ?

Réponse : $\frac{32,504,134}{5,354} = 6,071$ individus.

XXIII. On trouve dans le calendrier que les années bissextiles, ou qui ont 366 jours au lieu de 365, arrivent tous les quatre ans et sont divisibles par 4; on demande, d'après cette règle, si l'année 1745 a été bissextile, et si l'an 1900 le sera ?

Réponse : $\frac{1,745}{4} = 436 + 1$ de reste.

Cette question présente une division dans laquelle le quotient est inutile à la solution de ce qu'on cherche. Il suffit ici de savoir si la division est exacte ou sans reste. Dans le premier cas, l'année est bissextile ; dans le deuxième, le reste annonce les années écoulées depuis la dernière bissextile. Ainsi l'année précédente 1744 avait été bissextile, etc. Quant à l'année 1900, c'est une règle que les années séculaires ne sont bissextiles qu'autant que les centaines le sont; ainsi 1900 ne sera pas bissextile, parce que 19 n'est point divisible par 4; mais 2,000 le sera, parce que les centaines 20 sont divisibles par 4; l'année 800 a été bissextile, l'année 900 ne l'a pas été, etc.

XXIV. Dans 18 ans, il y a 70 éclipses, dont 29 de lune et 41 de soleil; combien y a-t-il eu d'éclipses de lune, de soleil, et en tout, depuis le commencement du monde, pour lequel on compte 5834?

Réponse : On trouvera 9,367 éclipses de lune et 13,243 de soleil.

XXV. Le gouvernement de la France actuelle, chargé du maintien de l'ordre dans la société, ainsi que de la conservation et de l'entretien des choses publiques, dépense chaque année pour ces divers services 1,200 millions et plus. On demande combien cela ferait par chaque individu, si la somme était répartie à toute la population supposée de 32 millions, ou pour chaque chef de famille, la famille étant composée de cinq personnes?

Réponses : 1re $\frac{1,200,000,000}{32,000,000} = \frac{1,200}{32} = 37 + \frac{16}{32}.$

2e $\frac{1,200,000,000}{6,400,000} = \frac{12,000}{64} = 187 + \frac{32}{64}.$

On doit se souvenir que le quotient ne change point lorsqu'on rend le dividende et le diviseur le même nombre de fois plus petit.

La division se fait ici avec un reste 16 dans le premier cas, et 32 dans le deuxième. Nous verrons plus bas la manière d'interpréter ces restes. Toutefois on peut déjà pressentir que dans le premier cas, si le reste était 32, le quotient devrait être augmenté de 1, et serait 38 au lieu d'être 37, et que le reste n'étant que 16 ou la moitié de 32, le quotient ne peut être augmenté que de la moitié de 1 ou d'une demie, et qu'ainsi le quotient est 37 et demie, que l'on écrit $37 + \frac{1}{2}$ ou $37\frac{1}{2}$.

On peut appliquer le procédé de cette question aux nombres donnés dans la huitième question sur l'addition, et on trouvera quels sont les peuples de l'Europe les plus chargés d'impôts, les plus riches, et les mieux administrés, etc.

De la manière de vérifier la Multiplication et la Division.

159. Ces deux opérations, qui, envisagées en général, sont l'une à l'autre à peu près ce que l'addi-

tion et la soustraction sont entre elles, se prouvent de plusieurs manières.

160. La multiplication peut se prouver de trois manières ou admet trois sortes de preuves; les arithméticiens regardent comme plus directe celle qui se fait par la division; les calculateurs préfèrent généralement celle qui s'opère par la multiplication elle-même, tandis que les praticiens habiles ne se servent guère que de celle qui se fait par 9. Voyons donc ces trois genres de preuves.

161. La première consiste à diviser le produit par l'un des facteurs, et si l'opération a été bien faite, l'on doit retrouver l'autre facteur au quotient; cela se comprend assez d'après tous les détails dans lesquels nous sommes entrés. Je n'insiste donc pas sur cette règle.

162. La deuxième se fait en multipliant le double, le triple ou le quadruple du multiplicande par la moitié, le tiers, le quart du multiplicateur, ou au contraire la moitié, le tiers, le quart du multiplicande par le double, le triple ou le quadruple du multiplicateur. Dans l'un comme dans l'autre cas, les deux produits doivent être égaux, s'il n'y a pas d'erreur. Je n'insiste pas non plus sur cette règle qui ne peut présenter de difficultés dès qu'on sait ce que c'est que le double, le triple, ou la moitié et le tiers d'un nombre.

163. Enfin, la troisième manière de vérifier la multiplication se nomme preuve par 9, et se réduit 1° à faire la somme de tous les chiffres du multiplicande en les regardant comme s'ils exprimaient des unités simples, à retrancher de cette somme tous les 9 qu'elle contient, pour avoir un reste qu'on place à côté; 2° à faire de même la somme de tous les chiffres du multiplicateur, de laquelle on retranche également tous les 9, c'est-à-dire autant de fois 9 qu'il est possible, ce qui donne un second reste qu'on écrit sous le premier; 3° à multiplier ces deux restes entre eux, et à ôter encore du produit

tous les 9 qu'il peut contenir, et placer le troisième reste à côté; 4° enfin, après avoir fait la somme de tous les chiffres du produit et en avoir également retranché tous les 9, le quatrième reste, si l'opération a été bien faite, doit être égal au troisième.

La raison de cette règle découle évidemment des propriétés que nous avons reconnues plus haut au nombre 9, sur lesquelles nous reviendrons plus bas. Je crois également superflu d'ajouter des exemples à ces préceptes, attendu qu'on peut s'exercer sur les exemples de multiplication et de division qui ont été proposés.

164. La preuve par 9 met le calculateur à même de vérifier la multiplication à mesure qu'il avance ou que l'opération fait des progrès, c'est-à-dire qu'il peut vérifier chaque produit partiel par le moyen que nous venons d'enseigner pour vérifier le produit final. On lui reproche d'être peu rigoureuse.

Je passe donc aux moyens de vérifier la division.

165. La preuve de cette opération peut aussi se faire de trois manières : par la multiplication, par la division et par 9.

166. Par la multiplication, qui est la preuve la plus usitée, on multiplie le diviseur par le quotient ou le quotient par le diviseur, et si l'opération a été bien faite, le produit doit être égal au dividende : c'est évidemment une conséquence de ce que nous avons dit, car puisque le quotient exprime le nombre de fois que le dividende contient le diviseur, il est bien clair qu'en répétant ce diviseur autant de fois que le quotient contient d'unités, on doit reproduire le dividende; si, par exemple, 24 contient 6 quatre fois, on reproduit le dividende 24, en multipliant 6 par 4, etc.

167. Pour faire la preuve de la division par elle-même, on recommence l'opération en prenant le quotient pour diviseur, et l'on conçoit que, si l'opération a été bien faite, on doit avoir le diviseur primitif pour quotient.

168. Quant à la troisième manière de vérifier la division, on considère le dividende comme un produit dont le diviseur et le quotient sont les facteurs, et on opère absolument comme il a été dit dans la preuve par 9 appliquée à la multiplication.

Telles sont les opérations que l'on nomme fondamentales, parce qu'elles sont en effet le fondement de toutes les autres opérations de l'arithmétique; il est donc de la plus haute importance que l'on soit familiarisé avec ces opérations avant de passer à ce qui suit : c'est une condition de rigueur.

CHAPITRE VI.

Exemples de questions plus compliquées que les précédentes, et qui exigent le concours de plusieurs opérations.

169. Cet ouvrage ayant pour objet essentiel d'habituer et de former les jeunes gens à la pratique de l'arithmétique et à l'esprit de calcul, nous consacrerons encore quelques pages à des questions d'un ordre plus compliqué que celles qui nous ont occupés jusqu'ici : c'est ainsi qu'à mesure qu'un enfant grandit, il s'essaie à soulever de plus lourds fardeaux.

D'ailleurs il est clair que, pour s'appuyer sur un bâton, il faut l'avoir entre les mains; et que, pour manier habilement une épée, il faut s'être exercé long-temps à l'escrime. Or, il en est de même de la science; pour l'appliquer hardiment, il faut l'avoir bien présente à l'esprit, et, pour l'employer à propos, il faut s'être formé et préparé, par de nombreux essais, à saisir dans une question, quelque compliquée qu'elle soit, ce qu'elle peut avoir de plus délié et de plus éloigné des notions communes. Voyons donc quelques questions de cette nature.

Ces questions doivent être aussi regardées comme des modèles de raisonnemens à faire pour analyser les conditions d'un problème quelconque à résoudre, et faire ressortir des résultats les conséquences qu'ils renferment.

PREMIÈRE LEÇON.

Application de l'arithmétique à des questions d'économie domestique.

170. J'offrirai d'abord quelques questions d'économie domestique, qui intéressent plus immédiatement la classe que j'ai eue principalement en vue en écrivant.

Je propose en conséquence d'établir d'une manière générale les diverses conditions d'existence d'une famille ouvrière composée de cinq personnes; savoir : du chef de la famille, de sa femme et de trois enfans; que je supposerai en état de produire un travail quelque faible qu'il soit, et de gagner quelque chose.

Je n'accorde à cette famille d'autre moyen de subvenir à ses besoins que les salaires de son travail, et je suppose en premier lieu qu'elle exerce une industrie dans une ville d'une grandeur moyenne, dont la population soit au moins de 5 à 6 mille habitans, et n'excède pas 12 à 15 mille.

Le pain étant à 3 sous ou 15 centimes la livre ou le demi-kilogramme, je supposerai que la journée du chef est de 2 fr. et qu'il travaille 300 jours de l'année, que celle de sa femme est de 90 centimes ou 18 sous, et qu'elle peut travailler 200 jours; enfin, je porterai à 40 centimes ou 8 sous le travail journalier de chaque enfant, travaillant chacun 150 jours par année.

Dans cette hypothèse, le gain total de la famille se composera ainsi qu'il suit; savoir :

Pour le chef, 300 j. de travail à 2 fr., font	600f 00 c.
Pour sa femme, 200 j. de travail à 90 cent.	180. 00
Pour les 3 enfans, 450 j. de trav. à 40 c.	180. 00
Gain total de la famille par année.	960. 00

Dépenses générales ; savoir :

En pain, à raison de 1 livre par jour pour chaque personne, ce qui fait pour cinq personnes 365 × 5 = 1,825 liv. à 15 c. ci.	273f 75 c.
Viande, œufs, beurre, fromages, légumes, sel, assaisonnement, à 50 c. par jour pour toute la famille, ci.	182. 50
Boissons fermentées pour 25 cent. par jour pour toute la famille, ci.	91. 25
Vêtemens, linge, chaussure et entretien pour le chef, 40 fr. par an ; pour la femme 25 fr., et 15 fr. pour chaque enfant, ci.	110. 00
Achat, entretien du mobilier et fourniment des outils, 5 c. par jour chaque personne, ci.	91. 25
Loyer d'habitation 80 fr., feu et lumière 30 fr., imposition personnelle, mobilière, portes et fenêtres 10 fr. ; total par an, ci.	120. 00
Tabac, fantaisie, colifichets, chacun 1 demi-sou par jour, ci.	45. 75
Dépense totale de la famille par année.	914. 50

BALANCE.

Le gain total par année est de.	960f 00 c.
Les dépenses totales sont de.	914. 50
Reliquat, libre à la fin de l'année.	45. 50

Ce reliquat est certainement bien peu de chose, et on conçoit combien il est incertain ; car quelques jours de désœuvrement, une légère maladie, une perte et autres événemens imprévus et inévitables, peuvent le faire disparaître ; il faut donc un ouvrier assidu à ses occupations, une famille laborieuse et dont les habitudes soient bien régulières, pour ne pas se trouver au-dessous de ses dépenses.

Si maintenant le prix du pain vient à s'élever de quelques centimes seulement, et que l'ouvrage baisse ou manque tout-à-fait, ce qui est assez ordinaire dans ce cas, cette famille tombe aussitôt dans une gêne plus ou moins grave qui la place dans la nécessité de s'imposer des privations plus ou moins dures à supporter, d'où la tristesse, le découragement, des maladies et une existence d'autant plus pénible, que le père de la famille sera un homme plus probe et pourvu d'un plus vif désir d'élever honorablement ses enfans, dont je n'ai pas d'ailleurs parlé des dépenses nécessaires pour leur donner quelque instruction.

Dans ces diverses conjonctures, il faut, de toute nécessité, réduire les dépenses, et comme il est impossible de diminuer celle du pain, les contributions et quelques autres objets, la réduction portera de préférence sur les boissons, la viande, l'entretien du mobilier et celui des vêtemens; la mise deviendra guenilleuse, et on se logera dans un nid à rats. Enfin, si le gain tombe au-dessous de 750 fr., la famille se trouvera dans une misère affreuse et réduite à demander l'aumône, surtout si les enfans sont incapables de travail.

On peut recommencer ces calculs en faisant varier les données, soit les conditions de gain ou de dépenses, selon que l'ouvrier habitera une ville plus ou moins populeuse, plus ou moins industrielle ou commerçante. Je laisse aux maîtres intelligens à diriger leurs élèves dans ces sortes de recherches.

On peut encore supposer les enfans en bas-âge ou dans l'incapacité d'un travail quelconque; puis supposer l'aîné de la famille gagnant 4, 5, 6, 8, 10, 12 sous, etc., par jour; puis placer le puîné dans les mêmes conditions, et ensuite le cadet.

On peut aussi supposer la famille plus nombreuse, admettre des jeunes filles qui coûteraient moins que des garçons à élever et à éduquer.

On peut également supposer des cas de maladies, des pertes, ou qu'un petit capital, ou une première mise de fonds, permette au chef de la famille de donner plus d'extension à son travail et d'activité à ses affaires; enfin, on peut supposer des économies accumulées depuis plusieurs années, et destinées à parer aux sinistres et aux cas fortuits.

Voyons maintenant les conditions d'existence de la même famille habitant la campagne et livrée aux travaux de l'agriculture.

Il est clair que sa position sociale, les usages et les habitudes étant plus simples, la nourriture, la mise, le logement, les vêtemens coûtent moins dans les communes rurales que dans les villes, de sorte qu'on peut supposer, comme l'établit l'observation, que le pain de boulanger dans les villes valant 15 c., celui de ménage dans les campagnes n'excède pas 12 ou 13 centimes; mais comme ce pain est moins nourrissant, attendu qu'il est bluté plus gros, qu'il renferme presque toujours des pommes de terre ou d'autres grains que du froment, j'admettrai que la famille en consomme 6 livres par jour à 13 cent.

J'évalue la viande, les œufs, le laitage, les légumes et les assaisonnemens à 25 centimes par jour, les boissons fermentées à 15 cent., les vêtemens pour le chef à 30 fr., pour la femme 15 fr., et les enfans 8 fr. chaque.

Le mobilier à 3 centimes par jour chaque personne, l'habitation avec un petit jardin à 50 fr., le feu et la lumière à 20 fr., les impositions à 5 fr. par an, et les fantaisies à 5 centimes par jour pour toute la famille.

Pour couvrir ces dépenses, j'admets que le chef travaille 300 jours à 1 fr. 30 c. l'un portant l'autre, la femme 200 jours à 75 centimes, et 450 journées d'enfant à 30 centimes.

Avec ces gains, qui sont beaucoup plus probables ou même plus assurés que ceux de l'habitant des villes, parce que le travail appliqué au sol manque bien plus rarement que celui des fabriques et des usines, je pense que l'on trouvera la position de l'agriculteur moins précaire ou même plus proche de l'aisance que celle de l'industriel. Outre que ses besoins physiques sont moins étendus et ses désirs plus restreints, il n'est point tourmenté comme l'habitant des villes par des besoins factices et des inquiétudes qui enflamment ses passions.

DEUXIÈME LEÇON.

171. Questions d'arithmétique agricole.

I. Afin de déterminer les principales modifications de l'atmosphère d'une contrée, dans l'intérêt de l'agriculture et de plusieurs autres besoins de la société, on a observé pendant douze années les jours de pluie, sans pluie, de chaud et de froid, et on a trouvé pour résultat le tableau suivant :

JOURS DE PLUIES		QUANTITÉ D'EAU en pouc. ch. année.	JOURS DE CHALEURS		TEMPÉRATURE moyenne en degrés.	MAXIMUM	
fortes.	passagères.		ordinaires.	fortes.		de chaud.	de froid.
57	27	19	61	15	19	33	18°
63	25	17	49	14	24	35	15
68	31	18	53	16	17	35	17
54	35	15	58	13	18	34	15
59	32	19	62	13	17	37	17
58	28	20	56	17	22	37	19
55	27	17	57	18	23	36	22
69	31	19	56	14	21	35	21
57	25	20	63	14	25	33	17
62	34	17	55	16	23	32	15
64	33	18	54	18	24	31	14
66	32	17	60	12	19	30	16

Après avoir fait les totaux, on divisera chaque total par 12, nombre des années adoptées, et on aura la quantité moyenne de chaque chose cherchée. On trouvera ainsi pour le nombre des jours de pluies fortes 61, de pluies passagères 30, de pouces d'eau 18.

Si on réunit les jours de pluie et de chaleur, on trouve 163 jours qui concernent principalement les 6 mois d'été qui s'étendent dans nos latitudes de la fin d'avril vers la mi-octobre ; restent par conséquent 20 ou 30 jours d'un temps couvert, nuageux ou venteux, etc.

Les conséquences et l'utilité de ce tableau reposent sur un principe de météorologie que je dois faire connaître. Il consiste en ce que les années les plus favorables à la végétation sont celles où la température moyenne et la quantité de pluies tombées ont été plus fortes, et qu'en même temps la chaleur et les arrosemens ont été plus également répartis pendant le cours de l'été, ou qu'il y a eu moins de pluies et de chaleurs fortes. Ainsi, la première année d'observation n'est pas une des moins favorables ; car les arrosemens ont été de 19 pouces d'eau, et la chaleur moyenne de 19° : les jours de chaleur et de pluie ayant été d'ailleurs assez bien distribués, etc.

Quant aux mois d'hiver, la moitié ou les deux tiers de cette saison sont des jours de brouillard, de neige, de pluie froide, frimat, dégel, etc. Le surplus comprend les beaux jours qui ont ordinairement lieu dans le courant de janvier, après la chute des neiges et sur la fin de mars.

II. Quel est l'entretien annuel d'un cheval qui consomme par jour 5 kilog. de foin, 5 de paille, et 6 à 7 litres d'avoine, le millier métrique de foin étant supposé de 50 fr., celui de paille de 25 fr., et l'hectolitre d'avoine de 5 fr. ?

Solution. Dans cette hypothèse, la consommation annuelle est de 1,825 kilogr. de foin, qui, à 5 centimes chaque, font 91 fr. 25 centimes, puisque 100 centimes font 1 franc.

1,825 kil. de paille coûtent moitié ou 45 fr. 62 c., et les 2,555 litres d'avoine à 5 fr. l'hectolitre ou les 100 litres. font 127 fr. 75 cent. ; en tout 264 fr., 62 cent., ainsi le cheval coûte 68 ou 70 c. par jour

Si on suppose que le cheval soit du prix de 450 fr., la rente de cette somme sera de 22 fr. 50 cent., et si l'on compte seulement dix années de vie, il faudra pour remplacer ce capital celle de 45 fr. ou de 10 pour cent par an, nécessaire pour reformer le capital 450 fr. dans ce laps de temps, ce qui donnera une rente annuelle de 67 fr. 50 c. pour l'usure du cheval ou de 18 à 20 cent. par jour ; je compterai encore 10 cent. pour les chances de mort et de maladies. Ainsi, j'aurai pour subvenir aux frais de nourriture, d'entretien, d'usure et d'accidens, une dépense de 100 cent. ou 1 fr. par jour, ou de 365 fr. par année, pour un cheval du prix de 450 fr. Un tel cheval peut transporter 12 ou 1,500 livres à 9 ou 10 lieues en un jour.

Cette dépense de bouche est à peu près celle d'un cheval de selle, de chasseur ou de hussard. Un cheval de ferme coûte moins.

Dans la grosse cavalerie, sur le pied de paix, la consommation est de 5 kilog. de foin, 5 de paille et de 8 à 9 litres d'avoine pour les mois d'été ; on retranche deux litres d'avoine pour ceux d'hiver. Sur le pied de guerre, on augmente la ration de foin de 2 kilog. En marche, on retranche la paille et on donne 9 kilog. de foin ; mais cette quantité est généralement regardée comme trop faible.

La ration de vert pour les chevaux de toute arme est de 40 kilog. d'herbes fraîches, soit à l'écurie, soit à la soulée dans la prairie.

Un cheval de roulier, de la taille de 4 pieds 10 ou 12 pouces, mange par jour 2 boisseaux d'avoine et 2 bottes de foin de 10 à 12 livres. A Paris, un cheval de carrosse, de la taille de 5 pieds 2 pouces, consomme un boisseau d'avoine de 15 à 16 livres, une botte de foin de 12 livres et 2 bottes de pailles pesant ensemble 22 à 24 livres. Dans la Beauce, un cheval de ferme mange un boisseau et demi d'avoine, une botte de foin de 10 livres, et 9 à 10 livres de paille de froment, de cossats, de pois ou de vesces. Cette espèce de cheval est à peu près d'une grosseur moyenne, plus forte que faible entre les chevaux de culture ; mais dans beaucoup de contrées ils sont moins bien nourris, et n'ont que peu ou point d'avoine. Dans les cantons où une partie des jachères sont cultivées en prairies artificielles ou en racines, le trèfle, la luzerne, le sainfoin, les carottes, etc., remplacent avec avantage la paille et même l'avoine. Un demi-boisseau d'avoine et une botte de foin ou de luzerne, etc., de 12 à 15 livres, peuvent suffire à un petit cheval comme sont les chevaux de cultivateurs de plusieurs contrées, notamment la Lorraine.

III. Quel est le chemin que parcourt une charrue en labourant une pièce de terre de la contenance d'un hectare, le temps qu'elle emploie à cette culture, et ce qu'elle peut valoir en argent ?

Solution Nous ferons ici abstraction des tournées; tout le monde sait que plus il y en a, plus la perte de temps est considérable. Nous supposerons que l'hectare, qui contient 10,000 mètres carrés, constitue une pièce de terre de 50 décamètres de long sur 2 de large, ce qui est la forme dont se rapprochent le plus généralement les parcelles de terres en culture. Nous admettrons encore que les sillons ont 2 décimètres de largeur, ainsi que cela a lieu communément. Comme il y en aura 100, la charrue parcourra dans ce cas $500^m \times 100 = 50,000$ mètres en longueur, ou 5 myriamètres qui font 10 à 12 lieues.

Si nous admettons que la charrue fasse 50 mètres par minute, il lui faudra 1,000 minutes ou 16 h. 40 min. pour donner une culture à 1 hectare de terre, sans y comprendre les tournées, que l'on peut évaluer du quart au cinquième, et en y comprenant l'allée et le retour à la ferme; ainsi il ne faut pas moins de 18 à 20 heures pour cultiver un hectare. Une charrue peut néanmoins exploiter cette étendue en 2 jours, en faisant 2 séances par jour, une de 5 heures le matin, et une de 4 l'après-dîner.

Une telle charrue, en prenant bien son temps, peut à la rigueur suffire à l'exploitation de 60 hectares de terre, divisés en 3 soles de chacune 20 hectares. M. Grivel, à l'article culture du *Dictionnaire économique de l'Encyclopédie méthodique*, dit positivement que cela a lieu en Picardie. Il faut pourtant convenir qu'il y a des momens pressés, mais alors le fermier peut se faire aider par des chevaux auxiliaires.

Si on suppose que l'entretien et l'usure d'un cheval soient, comme je l'ai dit, de 1 fr. par jour, et qu'avec la charrue ancienne les terres exigent 6 chevaux, la dépense par jour sera de 6 fr. Ajoutons pour l'entretien et le remplacement de la charrue 25 cent. par jour, et 2 fr. 25 pour les deux garçons de ferme, l'un à 30 sous, l'autre à 15; on aurait 17 francs pour les deux jours nécessaires à la culture d'un hectare; mais on ne peut refuser 10 p. o/o au fermier pour bénéfice sur le travail de ses chevaux.

Ainsi, la culture d'un hectare sera de 18 fr. 70 c.; mais dans la plupart des cas, le prix n'excèdera pas 15 fr., et pourra même tomber à 12 fr.

TROISIÈME LEÇON.

172. Arithmétique industrielle et commerciale.

I. Depuis environ 15 années le commerce des sangsues a pris en France une extension extraordinaire. Avant cette époque, on introduisait moins d'un million de sangsues : aujourd'hui le chiffre de ces animaux introduits varie de 36 à 40 millions par année. On suppose qu'il y a sur vingt personnes un individu malade qui en fait usage, qu'elles sont achetées 25 fr. le mille aux étrangers, et payées par les consommateurs à raison de 2 sous la pièce, l'une portant l'autre : enfin, si chaque pays fait un pareil usage de ces vers que la France, quelle est en Europe la consommation totale de ces animaux, dans l'hypothèse d'une population de 180 millions d'habitans ? Combien de personnes font usage de sangsues en France, combien en consomment-elles, et quelle est la somme d'argent mise en mouvement par ce commerce.

Réponses : Il y a 1,600,000 personnes en France qui font usage de sangsues, chacune en consomme 25 qui coûtent 2 fr. 50 cent. ; enfin, la somme d'argent mise en circulation est de 4 à 5 millions. Je laisse à chercher les autres réponses.

Ces sangsues proviennent principalement de l'Allemagne et plus particulièrement de la Hongrie : les nôtres sont envoyées aux Anglais. C'est presque uniquement le département du Cher qui fait ce commerce, et qui leur en vend pour eux et pour leurs colonies des Indes et de l'Amérique, où elles sont vendues jusqu'à 3 fr. et même 5 à 6 fr. pièce.

II. Dietricht, dans son voyage des Vosges, dit qu'aux forges de Bellefort la mine de fer tirée de la carrière, et propre à être fondue, coûte de 4 à 5 fr. le cuveau pesant 250 kilog. ; il faut 20 cuveaux de mine au mille de fonte, et chaque mille de fonte consomme 30 cuveaux de charbon, chacun d'environ 3 hectolitres (ou un demi-quintal ancien), à 1 fr.

l'hectolitre ou 3 fr. le cuveau ; enfin, tous les autres frais de fabrication s'élèvent à 9 fr. A combien revient le mille de fonte ?

Réponse :

20 cuveaux de mines à 5 fr. coûtent.	100f
30 cuveaux de charbon à 3 fr.	90.
Frais divers.	9.
Prix de revient.	199.

Cependant Dietricht dit qu'à son passage dans les Vosges, vers 1790, le mille de fonte ne se vendait que 180 fr. ; cela vient de ce que nous avons supposé le cuveau de minerai à 5 fr., et qu'il ne coûtait réellement que 4 fr. 50 cent. à cette époque à Belfort ; mais on conçoit que le prix de cette matière doit varier comme sa qualité et la difficulté de l'obtenir. A Rothau, le cuveau de 380 kilogr. coûtait 7 fr., et à Bischwiller, le cuveau de 200 kilogr. ne coûtait que 2 fr. La banne de charbon de 12 cuveaux se vendait 24 à 30 fr ; enfin, à cette époque, tout allait en augmentant ; et bientôt après le passage de Dietricht, la fonte se vendait 195 à 200 fr. le mille métrique dont il est ici question.

Un fourneau, qui roulait dix mois de l'année et fabriquait 450 ou 500 milliers de fonte de fer, rapportait net à son maître 2,000 ou 2,500 fr. par an. Il est facile avec ces données de calculer les avances premières, les dépenses d'entretien, de fabrication et le taux de l'argent ; car ce sont là les principaux élémens de tout établissement, et les ouvriers ont un intérêt aussi direct que le maître à les connaître, puisque c'est par eux qu'ils peuvent savoir si leur salaire est en proportion avec les bénéfices du maître, et s'ils ont des droits à réclamer une augmentation de prix.

III. On consomme à Paris 11,297 bœufs qui pèsent l'un dans l'autre 325 kilog., à 85 centimes ou 17 sous chaque kilog. prix moyen ; 59,550 vaches pesant 245 kilog., à 70 cent. ; 97,138 veaux de 65 kilog., à 110 cent. ; 541,837 moutons de 20 kilog., à 93 cent. ; 83,125 porcs de 75 kil., à 85 cent. ; et 3,283,727 kil. de viande à la main (volaille), à 150 cent. le kilog. A combien de kilog. de viande et de francs s'élève ce genre de commerce ? Quelle est la consommation par personne, la population étant de 890,431 habitans, et quelle serait la consommation de la France entière, en animaux, en kilogrammes, et en francs ?

QUATRIÈME LEÇON.

Arithmétique statistique.

173. Je présenterai ici les principaux résultats de la statistique de la France, extraits des ouvrages les plus authentiques, principalement de celui de M. le baron Dupin. C'est un résumé qui n'existe pas et que j'offre au public, et surtout aux jeunes gens, comme les données et les conditions d'une foule de questions d'arithmétique statistique et administrative, dont les résultats ne sont pas moins utiles que curieux à connaître. J'en présenterai sur différens autres sujets dans les volumes suivans.

DÉNOMINATION DES OBJETS.	CHIFFRES.	
Superficie de la Fr. continent.	53,533,426	hect.
Id. de la Fr. afric. (Alger).	36,291,491	
Popul. de la Fr. continentale.	32,750,000	habit.
Id. de la France africaine.	2,150,000	
Ancien recensement de 1823.	31,851,545	
Population des communes au-dessus de 1,500 habitans.	7,501,060	
Population des communes au-dessous de 1,500 habitans.	24,350,485	
Revenu territorial.	1,626,000,000	fr.
Id. en froment.	51,500,200	hecto.
Id. en seigle et méteil.	30,290,161	
Id. en maïs.	6,302,316	
Id. en sarrasin.	8,409,473	
Id. en orge.	12,576,603	
Id. en avoine.	32,066,587	
Superficie des vignes.	1,993,207	hect.
Propriétaires de vignes.	2,184,013	indiv.
Récolte annuelle des vins.	35,358,890	hect.
Id. de cidre.	8,868,218	
Valeur annuelle des vins.	543,155,078	fr.
Id. du cidre.	67,178,956	

Suite des DÉNOMIN. DES OBJETS.	CHIFFRES.
Bière forte, petite et des hosp.	3,536,190 hecto.
Quantité annuelle d'eau-de-v.	560,988
Id. de forêts à l'Etat.	1,122,096 hect.
Id. au domaine de la couron.	65,969
Id. aux comm. et établiss. publ.	1,903,492
Id. aux princes de la famille roy.	192,396
Id. aux particuliers.	3,237,517
Produit annuel des coupes.	27,615,230 stères.
Partie consommée pour fabrication du fer.	6,767,256
Partie consommée pour chauffage, usine et construction.	20,235,960
Valeur en fr. des coup. ann.	84,163,646 fr.
Hauts-fourneaux pour la fonte.	379 h.-f.
Quantité en fonte brute, moul.	161,150,200 kilogr.
Valeur des fontes et des fers qu'elles produisent.	73,306,626 fr.
Ouvriers empl. à ces travaux.	70,000 ouvr.
Quantités de chevaux en Fr.	2,422,703 chev.
Poulains qui naiss. année moy.	189,593 poul.
Quantité de bœufs en France.	1,701,740 bœufs.
Taureaux.	214,131 taur.
Vaches.	3,909,959 vach.
Génisses.	856,122 génis.
Poids des toisons des bêt. à lain.	40,756,950 kilogr.
Forces agric. des hommes (1).	8,406,038 hom.
Id. humaine, appliq. à l'indust.	4,145,242
Id. agricoles des chevaux.	11,200,000
Id. chevaline industrielle.	2,100,000
Id. des bœufs, vaches, etc.	17,432,500
Id. des ânes, mulets, etc.	500,000
Id. hydraul. (moulins, machi.)	1,500,000

(1) L'homme plein de vigueur étant pris pour unité, M. Dupin n'évalue les 32 millions d'habitans de la France qu'à 12 millions 7 à 800,000 hommes de cette force.

Suite des DÉNOMIN. DES OBJETS.	CHIFFRES.
Force des vents, moul. à vent.	253,333 hom.
Id. navigation.	3,000,000
Id. des machines à vapeurs (1).	480,000
Machines et moulins hydraul.	66,000 mach.
Moulins à vent.	10,000
Les produits de l'agriculture, semences déduites, valent.	5,313,163,735 fr.
Le produit net est de.	1,626,000,000
Les frais de culture sont de.	3,687,163,735
Animaux travail., matér. agric.	600,833,800
Les semences valent.	321,604,241
Dép. et travail de l'hom. sont.	2,764,725,694
Transp., manipulat. et vente en dét. des produits agricoles.	420,411,710
Frais de fabr. des prod. industr.	1,972,602,400
Bénéf. du trafic. sur ces prod.	280,890,360
Pêche, comm. marit. et bénéf.	361,977,950
Fruits et val. du trav. industr.	3,325,035,303
Valeur du travail de l'homme dans l'industrie.	4,145,242
Valeur du trav. des chevaux.	700,000
Id. du trav. des mach. hydraul.	375,000
Id. du trav. des moulins à vent.	63,333
Id du vent dans la navigation.	750,000
Id. de la force des mach. à vap.	120,000
Nombre des maisons (1823).	6,432,455 mais.
Valeur locative des habitat.	384,008,125 fr.
Nombre des portes et fenêtres.	26,892,316 p. fen.
Conting. ppal des portes et fen.	12,812,535 fr.
Contribution personnelle.	17,027,399
Nombre des taxes personnell.	5,198,683 pers.
Contributions mobilières.	18,096,208 fr.

(1) M. Dupin, dans son ouvrage des forces productives de la France, ne porte qu'à cette quantité la force des machines à vapeur, tandis qu'en Angleterre elle est de plus de 6 millions et demi d'hommes travaillans.

Suite des DÉNOMIN. DES OBJETS.	CHIFFRES.
Nombre des taxes mobilières.	4,254,630 pers.
Montant des patentes.	26,880,017 fr.
Nombre des patentes.	1,101,190 pat.
Ppal de la contribut. foncière.	154,779,831 fr.
Nombre des propriétaires.	10,296,693 propr.
Mont. des frais de poursuites.	904,680 fr.
Id. des impôts de toutes sortes.	971,349,905
Totaux des prod. de la France.	8,403,490,062
Revenus des citoy., impôts pay.	7,432,140,720
Commun. ayant des éc. prim.	23,370
Commun. sans écoles primair.	14,109
Elèves des colléges royaux.	10,054 élèves.
Id. des colléges communaux.	50,988
Id. des écoles primaires.	1,116,777
Brevets d'inv. de 1791 à 1825.	2,112 brev.
Nombre des électeurs.	200,000 élect.
Long. des routes roy. en mèt.	32,077,061 mèt.
Id. des rivières et can. navig.	9,301,988
Id. flottables.	1,916,000
Val. des espèces décim. en or.	947,127,600 fr.
Monn. décimales en argent.	2,040,735,087
Id. en billion et cuivre.	56,876,071
Consom. du sel en quint. métr.	1,842,168 quint.

174. Avec les données présentées dans ce tableau, on peut arriver à une foule de résultats statistiques extrêmement intéressans; tantôt par une simple addition ou soustraction, d'autres fois par la multiplication ou la division, ou enfin en combinant ensemble plusieurs de ces opérations.

Ainsi, par exemple, si on divise l'étendue de la France par le nombre des habitans, on aura la portion du sol qui reviendrait à chaque habitant dans l'hypothèse de la loi agraire. En divisant de même le revenu territorial par le nombre des habitans, on aura la quote-part qui reviendrait à chaque habitant, dans le cas d'un partage égal. Si on divise ce même revenu par la superficie, on aura le revenu moyen par hectare.

Si on divise le total des céréales changé en litres moyennant l'adjonction de deux zéros, par la population, on trouvera que la proportion par homme est de 400 litres par année, en supposant la population de 32 millions. On obtiendra de même la proportion par homme en divisant le total annuel des boissons par la population, et on verra qu'elle n'est pas d'un tiers de litre par personne et par jour, de sorte qu'il faudrait que les deux tiers de la population se passassent de vin pour que l'autre tiers puisse en boire un litre par jour.

On arrivera aussi à la proportion d'avoine par cheval, si on divise le produit annuel, qui est de 32,066,587 hectolitres ou 3,206,658,700 litres, par le nombre des chevaux.

Si on suppose que chaque cheval consomme par jour 5 kilogr. de foin et autant de paille, on aura la consommation en foin et en paille, par jour, en multipliant ces quantités par le nombre des chevaux; puis, multipliant par 365 jours, on aura la consommation annuelle en kilogrammes; et si on suppose qu'un hectare de pré produise 50 quintaux métriques de foin ou 5,000 kilogr. et 2,000 kilog. de regain ou 7,000 quint. en tout, et que l'hectare de céréale fournisse autant de paille, on aura la quantité d'hectares de prés et d'hectares de céréales nécessaire à la nourriture des chevaux.

On peut de même supposer un prix moyen à chaque sorte de céréales, à chaque sorte de boissons ou autres produits, pour parvenir par de simples multiplications à la valeur totale de chaque espèce de produit.

On parviendra encore à connaître l'impôt moyen pour chaque habitant, et la plupart des résultats contenus dans le bel ouvrage de M. le baron Dupin, par des combinaisons d'opérations toutes aussi simples que celles que je viens d'indiquer. On pourra se construire ainsi un tableau très-intéressant des principaux résultats de la statistique de la France. J'engage les maîtres à réfléchir un peu sur ce sujet, afin de pouvoir diriger sûrement leurs élèves.

CINQUIÈME LEÇON.

175. Questions d'arithmétique morale et politique.

I. Sur la fin de la restauration, de 1825 à 1830, les cours d'assises du royaume ont jugé, année moyenne, 6,017 accusations, dans lesquelles se trouvaient 7,774 accusés. Le nombre des accusés présens, jugés contradictoirement, a été de 6,929. Quel était le nombre des accusés absens ou contumax?

La population étant de 31,831,545 habitans, combien cela fait d'habitans pour un accusé?

Le nombre des acquittés a été de 2,693; combien y a-t-il eu de condamnés? et combien d'habitans pour un accusé absent, un accusé présent, et un accusé condamné?

Sur les condamnés, 109 l'ont été à la peine de mort, 1,379 aux travaux forcés, 1,223 à la réclusion, et les autres à l'emprisonnement ou à la détention. Quel est le nombre des habitans pour un condamné de chaque sorte?

Réponses : On sent assez que ces diverses questions ne conduisent qu'à de simples additions, soustractions, multiplications et divisions, que l'on peut d'ailleurs varier plus que je ne le fais ici : ainsi je laisse à chercher les résultats.

II. Les tribunaux correctionnels du royaume rendaient à la même époque 115,488 jugemens où figuraient 171,146 prévenus; sur ce nombre de prévenus en police correctionnelle, 25,980 ont été acquittés. Quel a été le nombre des condamnés?

Combien d'habitans pour un individu prévenu, condamné ou absous?

6,180 ont été condamnés à un an de prison et plus, 20,976 à moins d'un an, et le surplus a été mis à l'amende, etc. Combien d'habitans pour un individu de chaque sorte?

Combien d'habitans pour un individu repris par la justice d'une manière quelconque ?

III. M. Guerry, dans sa *Statistique criminelle de la France*, trouve que, de 1825 à 1830, il y a eu, année moyenne, en fait de crimes contre les personnes, un accusé sur 11,003 habitans, dans la région du sud; sur 17,349 habitans, dans celle de l'est; sur 19,964 habitans, dans celle du nord; sur 20,984 habitans, dans celle de l'ouest; sur 22,168 habitans, dans celle du centre. Combien y a-t-il eu d'accusés dans chaque région, la première étant de 4,826,493 habitans, la deuxième de 5,840,996 habitans, la troisième de 8,757,700 habitans, la quatrième de 7,008,788 habitans, la cinquième de 5,236,905 habitans.

En fait de crimes contre les propriétés, il y a eu un accusé sur 3,984 habitans, dans la région du nord; sur 6,949 habitans, dans celle de l'est; sur 7,534 habitans, dans celle du sud; sur 7,945 habitans, dans celle de l'ouest; et sur 8,265 habitans, dans celle du centre.

Combien, etc., comme ci-dessus.

Quel est le nombre total des accusés?

Réponses :

IV. En dix ans, il y a eu dans l'armée française 27,446 crimes et délits militaires, dont 16,462 désertions, 3,852 vols et infidélités, 3,596 insubordinations, voies de fait et menaces, 56 abus d'autorités, et le surplus en délits moins graves.

Combien de crimes et de délits par année? et en supposant l'armée de 250,000 hommes, combien de militaires faisant régulièrement leurs devoirs pour un qui les enfreint?

On pourrait aussi ajouter 2,884 crimes et délits communs plus graves : comme escroqueries, violences, meurtres, attentats aux mœurs, etc.; alors le nombre des militaires mis en jugement, en 10 ans, serait de 30,330 hommes, dont 17,724 ont été condamnés, et les autres absous par des tribunaux militaires. Il y a eu en outre les hommes repris par la discipline militaire de chaque corps.

V. Dans l'état de choses qui a régné depuis la révolution de juillet, il y a eu en France environ 400,000 hommes armés, qui, avec leur matériel, ont coûté 300,000,000 fr. et plus par année. On demande quelle a été la dépense annuelle pour un homme et ce que coûterait sur ce pied 32 millions de Français?

Réponses : La dépense d'un homme a été de 750 fr.

On trouvera 24 milliards ; mais la France n'en produit que 8. Que reviendrait-il à chaque Français s'ils étaient également partagés? et quel serait le déficit entre la part d'un Français et celle d'un militaire?

Réponses : 250 et 500 fr.

La France ne produisant que 8 milliards de revenu par année, et chaque militaire étant payé comme si elle produisait 24 milliards, trouver ce qu'il faut enlever à chaque Français sur sa quote-part de 8 milliards également partagés, pour compléter la part de chaque militaire à 24 milliards, et ce qui reste à chaque Français après ce retranchement?

Réponse : Environ 6 et 244 fr.

400,000 hommes, officiers, sous-officiers et soldats, entraînent réellement une dépense de 320 millions, tant pour logement, vêtement, subsistance, que pour objets d'entretien, marches, maladies, etc., ce qui fait une dépense de 800 fr. par homme l'un dans l'autre. Toutefois la solde de 400,000 hommes ne coûte que 206 millions ou 515 fr. par homme, le surplus constitue les dépenses d'administration, etc. ; enfin la paie, y compris le pain pour un soldat, n'excède pas 145 fr. par an ; sur ce pied 400,000 hommes coûteraient 58 à 60 millions.

En Pruse, 120,000 hommes coûtent 85 millions ou 708 fr. par homme, tout compris ; en Russie, la dépense est moindre encore de près de moitié. Je reviendrai plus tard sur ce sujet.

VI. L'ancienne gendarmerie de France comptait 3,500 gendarmes qui coûtaient 3,500,000 fr., et cette force suffisait à la police d'environ 25 millions d'habitans que contenait la France. Sous la restauration, la gendarmerie comptait 14,562 gendarmes, et coûtait 17,234,466 fr. Aujourd'hui la France compte au-delà de 20,000 gendarmes qui coûtent plus de 20 millions de francs. Quel est l'accroissement de la force publique, en hommes et en dépense, de la restauration sur l'ancienne monarchie, et de l'état actuel sur la restauration ?

A combien la police du royaume revenait-elle par année à chaque habitant, dans chaque cas ? Dans l'hypothèse de 25 millions d'habitans pour l'ancienne France, de 31,857,961 habitans pour la restauration, et de 32,753,915 habitans pour l'époque actuelle ?

Comme cette question conduira à des centimes, et que je n'ai pas encore donné de règles sur ce genre de quantité, en attendant, je dirai qu'avant d'effectuer la division, on ajoutera deux zéros à la suite du dividende, et le quotient exprimera des centimes ; qu'on réduira en francs en isolant deux chiffres à droite.

VII. Les dépenses d'administration pour toute la France se composent ainsi *qu'il suit* ; savoir :

La justice est rendue par 4,650 magistrats qui reçoivent un traitement ou occasionent une dépense de 19,345,958f

Aff. étrang.	402	employés coûtent.	10,678,906.
Ecclésiastiq.	35,889	environ.	30,864,839.
Intérieur. .	2,350	*id.*	46,457,368.
Marine. . .	31,769	*id.*	44,034,100.
Instruction.	2,500	*id.*	3,000,000.
Commerce.	150	*id*	1,500,000.
Finances.	55,000	*id.*	110,464,017.
Divers. . .	200,000	pens. et liste civile.	100,000,000.
Individ. .	328,660.	TOTAL. . .	366,345,188.

Combien chaque employé reçoit dans chaque genre d'administration, quel est le taux moyen pour toutes les administrations et par individu ; enfin combien chaque habitant doit payer pour être gouverné et administré ?

TABLE ANALYTIQUE

DES MATIÈRES.

CHAPITRE II.

CHAPITRE III.

CHAPITRE IV.

CHAPITRE V.

CHAPITRE VI.

FIN DE LA TABLE ANALYTIQUE DES MATIÈRES.

Nota. Je prie messieurs les maîtres de vouloir bien corriger les fautes qui seraient passées inaperçues; je pense qu'il y en a peu de graves. Quant aux élèves, je les engage non-seulement à chercher les résultats que j'ai laissés en blanc, mais aussi à vérifier toutes les opérations qui se trouvent effectuées. Dans ce travail, que j'estime indispensable pour acquérir quelque habileté dans la langue des calculs, ils feront bien de commencer par celles-ci, afin d'apporter plus d'assurance dans les calculs à effectuer que présentent celles-là.